KB149831

한 푸드스타일링

KOREAN FOOD STYLING

한 푸드스타일링

韓

전정원
·
이춘자
·
문혜영
·
이진하

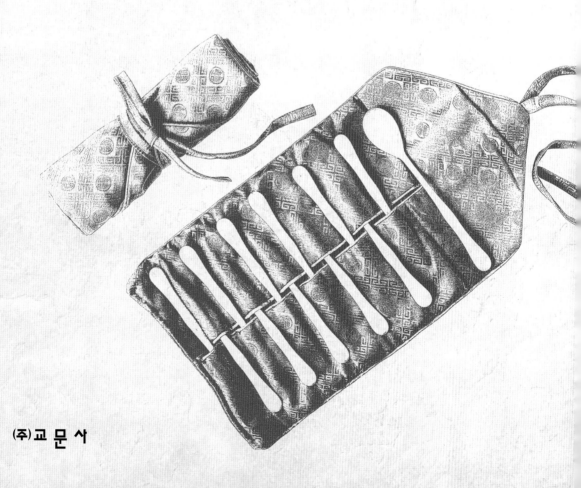

(주)교 문 사

PREFACE

머리말

우리나라의 전통음식문화는 각 지역에서 나는 식품재료들이 어머니의 손맛과 만나서 정성으로 빚어진 산물이다. 오랜 세월동안 어머니의 손끝으로 이어져 온 우리 음식은 맛의 깊이뿐 아니라 색감과 영양 면에서도 부족함이 없을 정도로 온갖 지혜로움을 상차림에 담아내면서 전승되었다. 이러한 상차림의 규범은 역사가 깊다. 19세기 조리서인 〈시의전서是議全書〉의 '반상식도'라는 그림에는 5첩 밥상, 7첩 밥상, 9첩 밥상, 곁상, 신선로상, 술상, 입매상 등의 상차림이 자세히 나와 있는데 각 음식의 위치까지 보여주고 있다. 같은 19세기 초의 〈규합총서閨閤叢書〉에서는 서두에 먹는 법에 대한 설명이 있는데, '밥 먹기는 봄 같이 하고 갱 먹기는 여름 같이 하고 장 먹기는 가을 같이 하고 술 먹기는 겨울 같이 하라'고 했다. 이렇듯 전통상차림에서는 상의 종류에 따라 각각의 규범과 음식에 따른 최적의 온도까지 고려하는 푸드 스타일의 단면을 보여주고 있다. 오직 한 사람을 위해 자유로움과 편안함을 담아 차린 독상獨床 문화, 두 사람이 먹도록 차린 겸상兼床 문화에서도 현대적인 푸드 스타일의 격식과 예절을 엿볼 수 있다. 또 전통적인 의례식인 평생의례平生儀禮와 세시음식이 의례 하나하나에 뜻을 담아서 계승되었다는 것도 그 의미가 크다. 이러한 상차림을 살펴보면 오래전부터 한국 전통의 푸드 스타일이 존재했다는 점을 깨닫게 된다. 전통에 뿌리를 두고 계승·발전된 상차림을 통해 우리 조상들의 지혜로운 식생활과 아름다운 푸드 스타일을 엿볼 수 있다. 세월과 시대가 변해도 변치 않는 한국인의 자랑스러운 정체성은 음식과 식생활문화를 통해 다음 세대에, 또 그 다음 세대에 전해질 것이다.

현대사회에는 라이프 스타일의 변화에 의해 음식과 상차림은 점점 더 중요한 커뮤니케이션의 수단이자 문화 창출의 아이템으로 인식되고 있으므로 한국 전통 푸드 스타일링에 대한 인식과 이해, 노력이 필요하다고 생각되었다. 현대에는 시각적 이미지가 감성마케팅의 중요한 수단이므로 모든 상품의 선택 기준에서 디자인적 요소가 주목을 받고 있다. 따라서 시각을 중심에 두고 오감을 만족시킬 수 있는 상차림에 대한 중요성이 자연스럽게 증가되는 추세이다. 전통 푸드 스타일에서 찾아볼 수 있는 오색의 조화, 식품의 합리적인 배합의 조화나 여름에는 사기를 사용하고 겨울에는 유기를 사용 등 계절 변화에 따른 식기구의 선택이 더욱 강조되는 것이 특징이다. 잘 디자인된 한식 상차림은 음식과 장소를 돋보이게 해주며 사람들의 기분을 유쾌하게 해주어 식사를 더욱 풍요롭게 즐길 수 있게 해준다.

오랜 시간 동안 한식을 배우고 느끼고 가르치며 아름답고 건강에 좋은 우리 음식에 매일 감탄하고 이렇게 훌륭한 우리 음식의 세계화 방안을 연구할수록 이를 돋보이게 해줄 한식 스타일링의 중요성을 느끼게 되었다. 그래서 저자들은 우리 음식에 대한 사랑과 애착을 담아 계절·재료·목적과 때에 따라 전통에 바탕을 두고 현대적인 감각으로 상차림을 제시해 보았다. 우리 음식은 영양과 맛이 우수할 뿐 아니라 선조들을 통해 전해져 내려온 배려와 나눔이 담긴 철학을 바탕으로 세계 어디에 내놓아도 으뜸이 될 수 있는 식문화의 기본을 갖추고 있다.

또 이 책은 저자들의 오랜 경험과 연구를 바탕으로 한식 스타일링의 기초적인 자료가 될 수 있는 이론적 내용, 서양과 구별될 수 있는 한식 상차림의 특성을 표현해 보고자 했다. 동서양 교류증진에 따라 동양과 서양 식문화의 많은 요소들이 융합이 되고 있는 시점에서 한국 상차림의 현재 모습을 편견 없이 담아내고자 노력하였다.

아름다운 한식 상차림과 스타일링이 전통음식의 계승과 현대 한국 식문화의 세계화에 도움이 되길 바라며 책의 출판을 허락해주신 류제동 사장님, 정용섭 부장님, 손선일 대리에게 깊은 감사를 드린다.

2014년 2월
저자 일동

CONTENTS
차
례

3

상차림의 기본과 이해

4

현대 한식 상차림

KOREAN FOOD STYLING

CHAPTER 01

푸드
코디네이션

푸드 코디네이션

1. 푸드 코디네이션의 개념

코디네이션coordination은 '동등하다, 통합하다, 조정하다'라는 의미를 지닌 말로 의表,식食, 주住 전체를 가리키며 다면적으로 생활의 질을 향상시킨다는 의미도 있다. 의表에서 코디네이션은 단지 의복을 입는다는 말을 의미하는 것이 아니고 자신의 개성을 살리는 복장을 입는 것을 의미한다. 식食에서의 코디네이션은 빈속만 채우는 감각적인 것이 아닌 시각적인 면도 마음을 쓰는 것으로 요리를 그릇에 보기 좋게 담는 것은 식기와의 미적 조화도 취하면서 그것을 맛있게 먹도록 하는 것이며 이러한 의식은 매우 중요하다.

현대사회는 각양각색의 가치관이 인정되는 시대이므로 라이프 스타일도 획일적인 것이 아닌 자기만의 철학이 담긴 것이 요구되고 있다. 푸드 비즈니스의 분야도 이와 같은 시대의 흐름 속에서 변하고 있다. 푸드 비즈니스에서는 요리사, 영양사, 푸드 스타일리스트, 테이블 코디네이터, 식공간 디자이너, 상품 개발자, 마케터marketer 등 각 분야의 담당자가 활동하고 있지만 상호간의 연계성은 없다. 이러한 점을 개선하여 각각의 분야를 한 개로 묶어 관리management하는 것이 푸드 코디네이터의 역할이라고 할 수 있다.

즉, 푸드 코디네이터는 축적된 폭넓은 지식을 구사하여 음식에 관련된 분야의 전문가와 제휴, 푸드 비즈니스로 활동하고 식문화를 심화, 향상시키는 역할을 하는 것으로 한마디로 오케스트라의 지휘자 같은 역할이라고 할 수 있다.

2. 푸드 코디네이터의 영역

우리나라에서는 아직까지 푸드 스타일리스트와 푸드 코디네이터의 활동 영역이 구분되어 있지 않다. 그러나 일본의 경우에는 푸드 스타일리스트와 푸드 코디네이터의 영역이 구분되어 있으며 각각 하나의 전문 직업으로 자리잡고 있다. 요즘 우리나라도 일본의 흐름을 반영하고 있는 추세이며 각각 전문 직종으로 부상하고 있다.

푸드 스타일리스트와 푸드 코디네이터를 구분한다면 푸드 스타일리스트는 요리에 어울리는 식기를 골라 보기 좋게 담고 그에 어울리는 소품을 곁들이는 일에 국한되지만 푸드 코디네이터는 이를 포함하여 음식에 관련된 전반적인 일을 연출하는 것이다.

즉, 푸드 코디네이터의 영역이 푸드 스타일리스트보다는 좀 더 광범위하다. 푸드 코디네이터는 음식에 관련된 전반적인 일을 담당하는, 즉 요리 연구가, 테이블 코디네이터, 푸드 스타일리스트, 다이어트 컨설팅, 레스토랑 프로듀서, 메뉴 개발자, 상품 개발자, 식품 기획자, 푸드 저널리스트푸드 라이터, 티 인스트럭터, 라이프 코디네이터, 와인 어드바이저, 플라워 코디네이터, 그린 코디네이터와 같이 세부 영역으로 나눠서 활동할 수 있다.

푸드 코디네이터의 활동 영역을 자세히 살펴보면 다음과 같다.

1) 요리 연구가

요리 연구가는 기획테마에 따라 오리지널 레시피를 고안하고 스스로 요리를 만들어 담는 일을 한다. 즉 식문화에서 요리의 기본 레시피만을 만들어 사람들에게 전달하는 일인 만큼 개인적인 색채가 강하게 드러나지는 않는다.

2) 테이블 코디네이터

테이블 코디네이트는 식공간을 연출하고 식탁을 연출하는 것을 말한다. 즉 식탁 위에 놓인 모든 음식이나 물건의 색, 소재, 형태 등의 조화를 생각하여 '보다 맛있는 음식을 보다 맛있게 먹기 위한 식공간을 연출하는 것'이다.

　테이블 코디네이터의 기본은 식탁의 아름다움만을 추구하는 것이 아니라 식탁에 놓인 메뉴를 염두에 두어야 하고 반드시 그곳에 앉을 사람을 의식해야 하는 것으로 식사를 즐기는 사람들이 식탁의 주역이라는 뜻이다. 즉 맛있는 요리와 함께 눈에 즐거움을 줄 수 있는 식탁을 꾸미는 것이다. 그곳에 있는 사람들의 오감, 즉 시각, 청각, 후각, 미각, 촉각을 만족시켜주는 연출을 해야 하는데 그러기 위해서는 식탁 위의 음식뿐만 아니라 방안의 인테리어, 음악, 창밖의 풍경, 빛과 바람의 흐름, 조명, 기온 등 신체에 느껴지는 모든 것을 염두에 두고 방안 전체의 조화와 구도를 생각할 필요가 있다.

　실험과 통계에 의하면 오감 중 맛을 느끼는 미각은 10~20%에 불과하고 시각은 50% 이상을 차지한다고 한다. 눈을 가리고 코를 막은 상태에서 감자와 사과를 먹은 사람은 맛을 구별할 수 없었다고 한다. 사과의 형태와 색을 보는 것만으로도 사과의 새콤함을 인식하고 그 맛을 느낄 수 있는 것이다. 미각은 단순히 달고 짜

● 푸드 코디네이터의 활동

고 시다는 맛을 감지하는 것이고 맛이 있고 없는 것은 시각에서 시작하여 다른 감각이 작용하는 것이다. 맛이 좋아도 주변 환경이 나쁘면 맛이 없게 느껴진다.

음식의 시각적 환경을 100%라고 한다면 눈앞의 요리는 5%의 색 면적을, 식기류와 장식품 등은 30% 전후, 남은 65%의 색 면적을 차지하는 것은 주위의 경치이다. 즉 식사할 때에는 환경이 맛을 좌우한다.

테이블 코디네이트의 역할은 매일 매 끼니의 식사를 맛있게 먹기 위해 준비하는 것으로 테이블 코디네이터가 되기 위해 염두에 두어야 할 사항은 다음과 같다.

(1) 사람, 시간, 공간을 중시하는 테이블 코디테이트의 구성요소

누가who **먹을 것인가** 먹는 사람의 연령층에 따라 음식의 기호가 다르고 테이블의 분위기도 다르다. 중장년층은 시선을 낮게 하고 전통적인 정취를 느낄 수 있도록, 젊은 층은 캐주얼한 취향을 살릴 수 있도록 한다.

누구와with **먹을 것인가** 인간관계에 따라 좌석의 위치가 결정된다. 친구인 경우에는 마주 보고 앉는 것이 일반적이고 연인끼리는 나란히 앉도록 하고 손님을 초대했을 경우에는 상석과 하석이 있기 때문에 이를 무시하는 것은 실례되는 행동이다.

언제when **먹을 것인가** 식사시간대에 따라 음식의 메뉴가 달라지고 식사 소요 시간도 달라진다는 것을 감안해야 한다. 시간대별 상차림은 아침식사, 점심식사, 티타임, 칵테일파티, 저녁식사, 저녁식사 후로 나누어진다. 아침식사 breakfast는 8시 30분~10시 30분으로, 점심식사lunch는 11시 30분~14시로, 티타임afternoon tea 14~16시로, 칵테일파티cocktail party는 17~19시로, 저녁식사dinner는 19~22시로, 저녁식사 후after dinner는 22시 이후부터이다.

어디에서where **먹을 것인가** 식사하는 장소에 따라 설비와 장치가 다르다. 실내, 정원, 야외 등에 따라 테이블의 형태나 사이즈, 높이도 다르다.

무엇을 위해why **먹을 것인가**   아침식사는 하루의 시작이기 때문에 원기를 낼수 있는 색이라든지 식기를 사용해서 정신적인 영양 보급을 충족시켜주고 생일이나 결혼기념일 같은 축하의 기분을 연출하는 경우에는 분위기를 고조시켜줄 수 있는 색상과 조명, 음향을 조성하는 것이 필요하다.

어떻게 해서how **먹을 것인가**   차분한 분위기에서 담소를 나눌 경우에는 좌식 형태가 좋으며 인원이 많은 즐겁고 활기찬 분위기를 원한다면 뷔페입식 형태가 좋다.

(2) 테이블 디자인의 기본

규칙   테이블에 놓는 식기의 배치에는 정해진 규칙이 있다. 이러한 규칙이 있기 때문에 민족, 언어, 연령이 달라도 모두 즐겁게 같이 식사할 수 있는 것이다. 한식이나 양식에서도 그 배치가 가장 식사하기 편하며 배치가 아름답고 몸에 좋도록 정해져 있기 때문에 자신이 먹기 편하다고 해서 제멋대로 배치를 바꿔서는 안 된다.

계절과 행사   식사를 할 때의 즐거움은 커뮤니케이션에서 나온다. 커뮤니케이션은 사람과 사람의 관계가 깊어지면 깊어질수록 활발해지고 즐거움도 늘어난다. 사람과 사람의 교감은 공통적인 인식을 소유하면서 얻을 수 있는 것이다. 계절이나 행사가 이러한 공통분모가 되기 위해서는 테이블 위에서 제철 음식이나 꽃 등으로 표현을 해줘야 한다.

기분   같은 계절이라도 사람마다 감동하는 동기는 다르다. 매년 오는 계절이지만 자신의 연령에 따라 함께 보고 느끼는 관점이 달라진다. 계절을 개개인이 느끼는 색으로 표현해보고 그 색을 테이블에 연출해본다면 각각 분위기가 다른 테이블을 만들게 될 것이다.

△ 여름의 손님 맞이를 위한 테이블 코디네이션

(3) 요리와 그릇의 관계

풍토   토지와 계절에 맞는 재료를 선택하여 어떻게 조합해야 몸에 좋고 오감을 만족시킬 수 있는지를 결정하는 것이 중요하다. 기본적으로 제철 재료를 능숙하게 조합하는 것이 좋다.

풍미   재료를 어떻게 조리하는지에 따라서 용기가 달라진다. 즉 연한 맛과 진한 맛의 차이에 따라 그릇의 바탕색을 교체해야 하며 소스 색에 따라서도 접시의 색이나 문양을 고려해야 한다.

풍류   담는 법과 서비스법도 요리나 장소의 설정에 따라 달라진다. 1인분씩 담는 경우와 큰 접시에 전부 담아서 각자 덜어 먹는 경우가 대표적인 예라고 할 수 있다.

현재 테이블 코디네이트table coordinate와 테이블 세팅table setting을 같은 의미로 사용하고 있지만 실제로는 조금 다르다. 테이블 코디네이트는 집의 건축에 비교한다면 기획, 설계이고 테이블 세팅은 시공에 해당하는 것이다.

3) 푸드 스타일리스트

푸드 스타일리스트는 만들어진 요리를 먹음직스럽고 맛깔스럽게 사진으로 형상화시키기 위해 그릇에 담거나 주변의 소품을 준비하는 일을 한다. 음식을 그릇에 담을 때 가장 주의해야 하는 점은 색채다. 미각을 돋우는 데는 색이 많은 공헌을 하며 접시 안에 곁들여 있는 색에 따라 느낌이 변한다. 이런 색채 감각은 일상에서 색을 느끼고 의식하는 것으로부터 길러진다. 그릇에 음식을 담을 때에 황금비율의 적용 여부에 따라 분위기가 달라지는데 황금비율을 적용하였을 때의 요리는 모던하면서 평범하지 않은 느낌을 연출한다. 그렇다면 요리를 그릇에 자연스럽게 담기 위한 힌트는 어디서 얻을까? 먼저 담기 전에 그릇의 모양을 관찰한다. 그리고 그릇 안에 산, 계곡, 강과 같

⬥ 푸드 스타일링의 예시

은 자연의 풍경을 배치한다고 생각하면 좀 더 자연스러우면서 친근한 느낌
의 작품이 나올 수 있다. 이런 자연 풍경의 모방은 일식에서 많이 이용된다.

4) 레스토랑 프로듀서

레스토랑 프로듀서는 메뉴를 개발할 뿐만 아니라 레스토랑의 이벤트나 스페
셜 메뉴 시식회 등과 관련된 기획, 연출을 담당하는 일을 한다. 그리고 매뉴
얼이 레스토랑의 이미지를 좌우하기 때문에 매력적인 메뉴와 요리담기의 매
뉴얼 제작을 담당하기도 하며 레스토랑 내의 집기나 꽃, 장식법 등에 대한 종
합적인 조언자 역할을 한다.

5) 식품 기획자

식품 기획은 시장 분석, 구매층 분석, 콘셉트 결정, 시식, 패키지 디자인 등 전체적인 이미지를 고안하는 업무를 말한다. 식품 기획자는 원가나 코스트 계산, 가격 설정, 제조 개수, 발매 스케줄 등의 조건을 충족시키면서 소비자를 사로잡는 상품을 개발해야 하기 때문에 식품, 화학, 농예과학 등의 지식을 갖춘 전공자들이 많이 선택한다. 우선 신상품이 기획되면 시식을 통해 검토한 후 최종 상품이 탄생하게 된다.

6) 플라워 코디네이터

플라워 코디네이터나 플로리스트florist는 꽃을 이용하여 기업의 행사장을 꾸미는 전문가를 말한다. 즉 주로 연회장에서 요리와 어울리는 꽃을 선별하여 조화롭게 하는 일들을 한다.

7) 그린 코디네이터

플라워 코디네이터가 꽃을 가꾸는 전문인이라면 그린 코디네이터는 관상식물을 아름답게 관리, 유지하는 전문인을 말한다.

8) 푸드 저널리스트

푸드 저널리스트나 푸드 라이터food writer의 주 업무는 음식에 관한 기사를 집필하고 레시피를 소개하는 요리 기사나 외국의 식문화를 리포트로 작성하는 일들이다.

　푸드 저널리스트는 대다수가 출판사나 신문사에서 장기간 요리 분야를 담당한 편집자가 프리랜서로 독립하는 경우가 많으며 음식에 대한 살아 있는 경험은 설득력 있는 문장을 만들어낸다.

9) 티 인스트럭터

티 인스트럭터tea instructor는 일본홍차협회의 자격증을 소유한 사람을 말하며, 일본홍차협회는 홍차제품 브랜드와 수입업자, 해외 유명 홍차판매점, 홍차산업의 진흥국으로 구성되어 있으며 일반인에게 홍차에 관한 지식이나 홍차 타는 법을 지도하고 있다. 아직까지 티 인스트럭터의 활동 영역은 협소하여 홍차교실이나 홍차세미나의 주최, 문화센터나 이벤트의 개최를 통해 적극적인 홍보 활동이 필요하다.

10) 상품 개발자

상품 개발자는 신품종이나 상품 개발 업무를 메이터maitre d'와 함께 진행한다. 가공품의 경우는 상품의 원형이 되는 요리나 과자를 손수 만들어 매뉴얼화하며 표준화된 상품의 사용법을 다르게 모색해 보기도 한다. 상품을 평이하게 먹는 법과 색다르게 먹는 법, 소비자가 가장 손쉽게 사용할 레시피를 만든다.

11) 와인 어드바이저

와인 어드바이저는 와인 판매의 프로를 말한다. 와인 어드바이저는 프로이므로 손님의 예산과 목적에 따라 가장 적합한 와인을 선별할 줄 알아야 하기 때문에 와인에 관한 전문지식을 갖추고 있어야 한다. 와인 어드바이저는 여성이 진출하기 쉬운 새로운 직종으로 여성만이 가지고 있는 섬세한 배려를 잘 살릴 수 있는 이점이 있다.

3. 푸드 코디네이터의 자질

푸드 코디네이터가 갖춰야 할 자질은 총 10가지로 다음과 같다.

첫째, 푸드 코디네이터는 오케스트라의 지휘자와 같은 역할을 하는 만큼 식품화를 심화하거나 향상시킬 수 있는 자부심을 갖고 있어야 한다.

둘째, 푸드 코디네이터는 보기보다는 육체적 노동이 많은 만큼 인내심과 체력 관리를 통해 자신의 라이프 스타일을 컨트롤할 줄 알아야 한다.

셋째, 푸드 코디네이터는 결혼이나 연령에 의해 제약을 받지 않는 분야이므로 개인의 라이프 스타일에 걸맞는 요리 제안이나 끊임없는 아이디어로 승부해야 한다.

넷째, 푸드 코디네이터는 항상 창작요리를 제안할 줄 알아야 하며 레시피의 재활용은 피하도록 한다.

다섯째, 푸드 코디네이터는 곤란한 의뢰가 들어와도 지혜를 짜서 요리를 궁리할 줄 알아야 하며 테마에 모순이 있을 경우 확실하게 지적할 용기와 자신감을 가지고 있어야 한다.

여섯째, 푸드 코디네이터는 각자의 경험을 소중히 여겨 그것을 요리에 적용할 줄 알아야 한다.

일곱째, 푸드 코디네이터는 책임감을 가지고 완벽한 일처리를 습관화해야 한다.

여덟째, 자신이 없거나 자기 스타일이 아닌 잡지나 책을 더 많이 접하도록 해야 한다.

아홉째, 주위사람에게 바보취급을 당하더라도 하고 싶은 것이 있으면 과감히 시도할 줄 알아야 하며 반복을 통해 확실히 자기 것으로 만들 줄 알아야 한다.

열째, 남은 재료를 응용하고 활용할 줄 알아야 한다.

KOREAN FOOD STYLING

한국의
식생활문화

한국의 식생활문화

1. 한식의 특징

우리나라의 식생활문화는 자연환경, 지리적·사회적·문화적 환경에 따라 형성되고 발전되었다. 음식문화를 형성하는 요인은 지형, 기후, 토양 등의 자연조건과 그 지역의 산물인 식품을 먹을 수 있도록 가공하는 사람의 기술, 종교, 의례, 풍속 등과 같은 사회 규범의 영향을 받는다. 사회문화요인 중 종교는 금기 음식이나 먹는 격식 등을 규정하여 지키도록 요구한다. 음식문화를 형성하는 요인들은 서로 밀접하게 연관되어 있으므로 한 민족의 전통적인 식생활에는 역사, 사회, 문화, 자연환경 조건이 작용한다.

우리나라 식생활의 전반적인 특징은 일상식과 의례 음식의 구분, 절식과 시식의 풍습이 있고 아침 및 저녁식사를 중히 여기며 지방에 따라 향토음식이 발달했다는 점이다. 조리방법에 따른 특징은 주식과 부식이 분리되어 발달되었고, 양념과 고명의 이용이 합리적이라는 것이다. 식사 형태와 상차림의 특징은 전통적으로 밥과 찬이 차려지는 공간전개형 상차림이며, 어른을 공경하는 식사예절을 중시한다는 점이다.

식품재료의 경우 사계절이 확연하게 구분되어 계절마다 생산되는 산물이 다르므로 곡류, 육류, 어류, 채소류가 매우 다양하게 생산되고 이를 이용한 계절에 따른 제철 식품의 요리 방법도 발달하였다. 한반도의 기후적 특성상 여름에는 고온 다습하여 벼농사가 매우 적합하므로 쌀을 주식으로 하게 되는 배경이 되었고 국토의 70%가 산지인 지리적 여건에 의해 다양한 잡곡 재배가 이루어져 쌀밥과 함께 잡곡도 주식의 자리를 차지하게 되었다. 부식은 산과 들에서 나는 갖가지 채소류와 조육류, 국토의 삼면이 바다로 둘러싸여 있어 좋은 어장이 형성되어 있기 때문에 풍부한 수산물과 조개류, 해조류를 이용한 조리법이 발달하였다. 특히 장류, 김치류, 젓갈류, 주류 등 발효식품의 개발과 기타 식품저장 기술도 오래전부터 이용되었다. 이처럼 우리나라 음식은 계절과 지역에 따른 산물인 식품재료의 특성을 잘 살리는 맛의 조화를 중요하게 생각하였다.

2. 한식의 전통 상차림

우리나라의 전통적인 상차림은 밥상, 면상, 죽상, 주안상, 교자상잔치상, 다과상 등으로 구분되어 있다. 일상식은 독상 중심이었으며 하루 중 아침과 저녁의 상차림에 비중을 두었으며 특히 아침상을 중시하였다. 유교의례를 중히 여기는 상차림과 식사예법의 발달에 의해 예부터 평생의례식 및 공동체 의식의 풍속이 발달하였다. 각각의 상차림에는 풍류성과 주체성이 담겨 있으며, 명절식과 절기마다 계절에 따라 나오는 산물이 달라 색다른 시식을 즐기는 풍습이 있었다. 궁중음식, 반가음식, 일반 음식을 비롯하여 각 지역에 따른 향토음식의 조리법도 발달하였다.

한식 상차림의 규범은 뜨거운 음식, 물기가 많은 음식은 오른편에 놓고, 찬

🔺 수저

음식, 마른 음식은 왼편에 놓으며 밥그릇은 왼편에, 탕 그릇은 오른편에, 장류 종지는 한가운데 놓아 기호에 맞게 음식의 간을 맞추도록 구성되어 있다.

수저는 밥상을 받는 사람 기준으로 상의 오른편에 놓고 젓가락은 숟가락 바깥쪽에 붙여 상 밖으로 약간 걸쳐 놓는다. 상의 뒷줄 중앙에는 김치류, 오른편에는 찌개, 더운 구이나 조림은 오른편, 나물은 왼편에 놓는다. 도구사용법에서는 숟가락과 젓가락을 한꺼번에 들고 사용하지 않으며 젓가락을 사용할 때에는 숟가락을 상 위에 놓아야 한다. 식사 중 숟가락과 젓가락은 반찬그릇 위에 걸쳐 놓지 않으며 밥과 국물이 있는 김치, 찌개, 국은 숟가락으로 먹고, 다른 반찬은 젓가락으로 먹는다.

1) 밥상

우리나라의 밥상은 과학적이고 합리적으로 구성되어 있다. 밥상은 조선시대 궁중이나 반가의 상차림이 그 모체인데 반찬의 종류를 정할 때는 동일한 식품재료의 중복을 피하고 조리법이 겹치지 않으며 음식의 빛깔도 고려하여 다양한 식품을 섭취할 수 있으므로 매우 과학적이고 영양적이다.

밥과 반찬으로 차리는 상을 밥상이라고 하며 찬의 가짓수에 따라 3첩, 5첩, 7첩, 9첩, 12첩 등이 있다. 이중 일상 상차림은 3첩, 5첩이며 7첩과 9첩은 손님 접대 및 생신상 등에 주로 적용된다. 선택식의 독창성이 돋보이는 12첩은 왕의 상차림이지만 하나의 규범일 뿐 임금의 모든 일상식에서 동일하게 구성된 것은 아니다. 반찬의 가짓수를 이르는 첩수도 하나의 규범일 뿐 형편에 맞게 구성할 수 있다. 여기에서 첩은 밥, 국, 김치, 찌개조치, 종지간장, 고추장, 초고추장 등를 제외한 쟁첩접시에 담는 반찬의 수만을 말한다.

밥을 중심으로 찬을 격식에 맞게 차리는 상차림에는 한 사람을 위해 차린 독상獨床, 두 사람이 먹도록 차린 겸상兼床이 있으며 전통적으로 웃어른과 손님 접대 시에는 독상으로 차린다. 또 받는 사람의 신분에 따라 상차림의 명칭이 달라지는데, 아랫사람에게는 밥상, 어른에게는 진지상, 궁중의 임금께 올리는 밥상은 수라상이라고 한다.

(1) 3첩 밥상

가장 간소하고 보편적인 상차림이다. 첩수에 들어가지 않는 음식은 밥, 국, 김치, 장이다. 첩수에 들어가는 음식은 나물생채, 또는숙채, 구이 혹은 조림, 마른 찬이나 장아찌, 젓갈 중에서 1가지를 선택한다. 나물은 채소, 구이는 주로 동물성 단백질로 구성되며 마른 찬과 기타 밥, 국, 된장 등에서 다양한 식품재료가 이용되어 영양적으로 조화로운 상차림 구성법이다. 현대의 영양학적 관점에서도 매우 과학적이고 합리적이다.

🔺 3첩 상차림

(2) 5첩 밥상

첩수에 들어가지 않는 음식은 밥, 국, 김치, 장, 찌개조치이다. 첩수에 들어가는 음식은 나물생채 또는숙채, 구이, 조림, 전, 마른 찬이나 장아찌 또는 젓갈 중에서 1가지를 선택한다.

(3) 7첩 밥상

첩수에 들어가지 않는 음식은 밥, 국, 김치, 장, 찌개, 찜선 또는 전골이다. 첩수에 들어가는 음식은 생채, 숙채, 구이, 조림, 전, 마른 찬이나 장아찌 또는 젓갈 중에서 1가지를, 회 또는 편육 중에 1가지를 선택한다.

🔺 5첩 상차림

△ 7첩 상차림

(4) 9첩 밥상

첩수에 들어가지 않는 음식은 밥, 국, 김치, 장, 찌개, 찜, 전골이다. 첩수에
들어가는 음식은 생채, 숙채, 구이, 조림, 전, 마른 찬, 장아찌, 젓갈, 편육 등
으로 구성된다.

△ 9첩 상차림

◐ 12첩 상차림

(5) 12첩 밥상

첩수에 들어가지 않는 음식은 밥, 탕, 김치, 장, 찌개, 찜, 전골이다. 첩수에
들어가는 음식은 생채, 숙채, 찬 구이와 더운 구이, 조림, 전유어, 마른 찬, 장
과, 젓갈, 회, 편육, 별찬으로 구성된다. 밥과 탕은 선택식으로 올렸다. 임금
은 백반과 잡곡밥 또는 홍반 등에서 먹고 싶은 밥을 선택했으며 국은 맑은장
국이나 고음국 등에서 자신이 먹고 싶은 것으로 선택했다.

2) 면상

국수와 떡국 등을 중심으로 차리는 상이며 점심 또는 간단한 손님 접대에 많
이 이용한다. 온면, 냉면, 떡국, 만두국 등을 내며, 배추김치, 나박김치, 나물,
잡채, 전 등을 낸다. 각종 전통과자나 떡류를 곁들여 내기도 하며, 전통음료
는 식혜, 수정과, 화채 중의 1가지를 놓는다. 술손님일 경우에는 주안상酒案床
을 먼저 낸 후 면상을 내도록 한다.

△ 면상

한국의 식생활문화

3) 죽상

부드러운 음식인 응이, 미음, 죽 등의 유동식을 중심으로 맵지 않은 국물김치
와 젓국찌개, 북어보푸라기, 섭산적 등의 영양을 고려한 마른 찬류가 곁들여
진다. 옛날에는 집안의 연세가 높은 어른에게 아침을 올리기 전, 이른 아침

◆ 죽상

▲ 다과상

에 내는 자릿조반의 풍습이 있었다. 보양식, 환자식, 간식, 간편식, 식사대체식 등 용도가 다양하다.

4) 다과상

차와 함께 전통과자, 음료 등으로 손님을 대접하기 위한 상차림이다. 식사 때가 아닌 시기에 손님과의 대화를 위해 녹차를 비롯한 여러 차와 전통음료,

약과, 다식, 강정 등의 전통과자와 다양한 떡류를 함께 내는 상이다. 옛 전통
에서는 집에 귀한 손님이 왔을 때, 보통 바깥손님의 경우에는 주안상을, 안손
님의 경우는 다과상을 차려냈다.

5) 주안상

주류를 대접하기 위해서 차리는 상이다. 안주는 술의 종류, 손님의 기호를

● 주안상

고려해서 장만한다. 주안상에는 육포, 어포, 건어, 어란 등의 마른안주와 전
이나 편육, 찜, 신선로, 전골, 찌개 같은 안주 여러 가지와 생채류, 나박김치,
과일 등이 오른다. 떡과 전통과자, 음료 등을 함께 차려낸다.

6) 교자상

특별 의례식에 교자상을 올린다. 교자상은 명절이나 잔치 또는 각종 의례식
때 많은 사람들이 함께 모여 식사를 할 경우 차리는 상이다. 대개 고급 재료

● 교자상

를 사용해서 여러 가지 음식을 많이 만들어 대접하는데, 그 의미에 맞게 특별한 음식을 만들고, 이와 조화가 되도록 색채나 재료, 조리법, 영양 등을 고려해서 정성을 다하여 차려낸다.

3. 평생의례 음식과 상차림

평생의례the rites of passage는 사람이 일생동안 건강하게 살고자 하는 염원이 담긴 의례를 말한다. 사람이 태어나서 삶을 마감할 때까지 출생의례出生儀禮인 삼신상三神床, 백일, 돌, 책례冊禮, 성년례成年禮, 혼례婚禮, 회갑 등의 수연례壽宴禮, 상장례喪葬禮, 제례祭禮 등을 거치는 것을 일생이라고 하며, 이 기간 동안 인간은 무수히 많은 일들을 겪으며 살아가게 된다. 이 과정 하나하나를 잘 통과하는 것은 곧 일생을 건강하고 무탈하게 잘 살아가고 있다는 뜻이다. 이 의례들은 일정한 격식을 갖추어 가족을 중심으로 행하는 예절이므로 가정의례家庭儀禮 또는 통과의례通過儀禮라고도 한다. 이들 여러 의례에는 개인이 겪는 인생의 고비를 순조롭게 넘길 수 있기를 소망하는 의식과 더불어 각 의례의 의미를 상징할 수 있는 음식을 차리는데, 음식들의 색色과 가짓수數에는 복을 바라는 정신이 담겨 있다.

1) 삼신상

산모가 아기를 낳으려는 기미가 보이면 아기를 보호해주는 삼신에게 아기가 무사하게 태어나고 산모가 순조롭게 출산하도록 기원하는 상을 마련한다. 소반 가운데 쌀을 수북이 쌓아 놓고 그 위에 장곽長藿, 길고 넓은 미역을 두고 정화수를 담아 놓는다. 아기를 순산하면 바로 삼신상에 놓아두었던 쌀

🔺 삼신상

로 밥을 짓고 장곽으로 미역국을 끓여 각각 세 그릇씩 놓고 정화수를 그릇에 담아 상에 놓는다. 해산미역긴 미역은 넓고 긴 것으로 고르며 값을 깎지 않는다. 미역을 꺾으면 난산難產한다고 여겨 절대 꺾거나 자르지 않고 긴 미역을 그대로 사용하였다.

아기가 태어나면 대문에는 솔가지, 고추, 숯 등으로 금줄을 걸어 탄생을 알리고 면역성이 약한 산모와 아기를 보호하기 위해 삼칠일21일까지는 외부인의 출입을 삼갔다.

2) 백일

아기가 출생한 지 백일이 되는 날로 백百이라는 숫자는 완전함, 성숙 등을 의미하므로 아기가 이 어려운 고비를 무사히 넘기게 된 것을 축하하는 뜻이 담겨 있다. 백일 떡은 백 집이 나누어 먹어야 아기가 무병장수하고 복을 받는다고 하여 많은 이웃들과 나누어 먹었다. 또 떡을 받은 집에서는 빈 그릇을 그대로 돌려보내지 않고 무명실이나 쌀을 담아 보내는 미풍양속이 있는데, 이는 아기의 장수와 건강을 기원하는 의미다.

백일상은 떡을 돌리는 것 외에는 집안끼리 조촐하게 차렸다. 음식으로는 백설기와 수수팥떡을 준비하는데 백설기는 아기의 장수, 출생의 정결, 신성함을 의미하고 수수팥떡의 붉은색은 아이의 생애에서 액을 미리 막아준다는 의미가 들어 있다.

● 백일상

3) 돌

아기가 태어난 지 만 1년이 되는 날이다. 무탈하게 1년이 지났음을 축하하는 의미로 화려한 돌빔을 지어 입혔다. 일가친척 어른들을 모시고 아기의 성장

⚠ 돌상

을 기뻐하며 장차 아이의 무병한 성장과 복록을 기원하는 돌상을 차려 축하
하고 돌잡이를 한다.

(1) 돌상, 돌잡이상의 음식과 비품의 의미

흰 쌀밥과 미역국을 놓고 과일을 3가지나 5가지 정도 놓는다. 오색송편의 소
를 채운 것은 속이 꽉 차라는 의미이며 소를 비운 떡은 크고 넓은 마음을 가
지라는 뜻이다. 색편무지개떡의 오색五色은 만물의 조화를 의미하며 수수팥경단
의 붉은색은 액이 끼지 말라는 뜻이고 국수는 장수를 기원한다. 청홍실로 묶
은 미나리는 자손 번창과 수명장수를, 쌀은 재복과 평생 동안 식복食福이 있기
를 기원하는 의미이며 돈은 재물의 번창함을, 실타래는 수명장수를 뜻한다.
책 · 붓 · 벼루는 학문으로 이름을 떨치라는 의미가 담겨 있고 활과 화살은 무예가 비범한 장군이 되라는 뜻이고, 자尺·가위·수실은 바느질 솜씨手工나 손재주가 뛰어나라는 뜻이며, 떡꽃은 축하의 의미이다.

4) 책례

책례冊禮는 책거리, 책씻이라고도 한다. 글방에서 학동이 책 한 권을 다 읽었을 때 축하해주는 스승과 친구들에게 한턱내는 일을 말한다. 책례에는 학동의 학업 성적을 부추기는 의미도 있지만 선생님의 노고에 답례하는 뜻이 들어 있다. 책례를 축하하는 음식으로는 오색송편과 매화송편이 있다.

오색송편은 우주 만물을 형성하는 원기와 오행에 근거하여 오색으로 송편을 빚고 깨나 팥, 콩 등으로 송편의 소를 꽉 채운 떡으로 학문도 이렇게 꽉 차라는 뜻이 담겨 있고 학문의 정진을 상징한다. 속을 채우지 않고 빚은 매화송편은 학문의 뜻을 넓히고 마음을 비워 더 넓게 받아드리라는 의미가 담겨 있다.

⬥ 책례상

5) 성년례

성년례成年禮는 아이가 자라서 사회적으로 책임질 능력이 인정되는 나이에 행하는 의례이다. 아이의 세계를 버리고 덕德을 이루며 정신적으로 성숙한 어른의 세계로 들어가는 과정의 중요한 통과의례이다. 성년례는 자기가 행한 말이나 행동에 대해 스스로 법적 · 도덕적 · 윤리적 · 사회적으로 책임을 다해야 한다는 것을 교육하는 의식이다. 성년례를 마친 후 비로소 어른이 되고, 또 이 자리에서 술의 예의인 향음주례鄕飮酒禮에 대해 가르침을 받은 다음 술을 마시게 되므로 주도酒道의 중요성도 배우게 된다.

성인식을 한 후에는 달라지는 3가지가 있었다.

첫째, 말씨를 높여준다. 예를 들어, 주변 어른들이 낮춤 종결형 '해라체'로 말하다가 평서형 '하게체'로 높여서 말해주었다.

둘째, 자字나 당호堂號를 썼다.

◐ 성년례상

셋째, 어르신에게 절하면 어르신도 답배를 하게 되며 의복이 성인의복양복으로 달라졌다.

6) 혼례

인간이 생을 살면서 치르는 의례 중에 가장 큰 의식으로 혼인대례婚姻大禮라고 한다. 혼례는 단순히 두 남녀의 결합이 아니라 한 집안과 집안의 만남, 서로 다른 가풍과 가풍의 만남, 그리고 '남과 여'라는 음陰과 양陽의 조화이다. 이렇게 작게는 남녀의 개개인에서 크게는 집안과 문화의 만남으로 이루어지는 것이 혼례인 것이다. 그렇기 때문에 혼례를 치를 때 갖추는 예는 단순한 형식에 머무는 것이 아니라 몸과 마음을 다해 배우자와 배우자 집안 어른들에게 올리는 정성이라고 할 수 있다. 혼인의 참뜻은 한 쌍의 남녀가 정신적·육체적으로 하나가 되어 배우자에게 사랑과 신뢰를 바탕으로 도리를 다하는 데에 있다. 전통 사회에서의 혼인은 성인이 된 것을 증명하는 예이자, 사회의 최소 단위인 가정을 이루고 자손을 낳아 대를 잇는 의례이므로 그 뜻도 매우 중요하게 여겼다.

(1) 봉치떡

혼서婚書와 채단采緞인 예물을 함에 담아 보낼 때 함을 받기 위해 신부 집에서 준비하는 음식이 봉치떡 또는 봉채떡이다. 찹쌀 3되와 붉은 팥 1되를 고물로 하여 시루에 2켜만 안치고 위에 있는 켜의 중앙에 대추 7개와 밤을 둥글게 박아서 함이 들어올 시간에 맞추어 찐다. 함이 오면 받아서 떡시루 위에 놓고 예를 갖춘 다음에 함을 연다.

봉치떡을 찹쌀로 하는 것은 찰떡처럼 부부의 금슬이 잘 화합되라는 뜻이고, 붉은 팥고물은 화를 피하라는 뜻이다. 대추는 자손의 번창 및 기복과 제화除禍의 의미를 상징한 것이고 떡을 2켜

봉치떡 ▶

◎ 대례상

로 안치는 것은 부부 한 쌍을 뜻하며, 찹쌀 3되와 대추 7개가 뜻하는 3과 7의 숫자는 길하다는 의미이고, 숫자 3은 하늘天, 땅地, 사람人을 뜻하기도 한다. 대추와 밤은 따로 떠서 놓았다가 혼례 전날 신부가 먹도록 했다.

(2) 대례상

대례상大禮床은 동뢰상同牢床 또는 혼인예식이 주로 초례청에서 많이 행해졌으므로 초례상이라고도 한다.

우리의 전통에서는 신랑이 신부 집으로 와서 혼례를 하는데 신부 집에서는 사랑 마당이나 안마당 중간에 전안청奠雁廳을 준비한다. 전안청은 혼례 때 신랑이 신부 집에 기러기를 가지고 가서 상 위에 놓고 절하는 곳으로 새끼를 많이 낳고 차례를 지키며 배우자를 다시 구하지 않는 기러기같이 살겠다고 다짐하는 의미가 있다. 신랑이 당도하면 먼저 전안청에 목기러기를 올려놓고 절한 후 초례청으로 안내되어 혼례식 또는 교배례交拜禮를 한다. 초례청은 안대청 또는 안마당에 준비한다.

(3) 큰상고배상

대례를 치른 신랑, 신부를 축하하기 위해 여러 가지 음식을 높이 괴어서 차리는 상을 큰상이라고 한다. 큰상차림은 대추, 밤, 잣, 호두, 은행, 사과, 배, 감, 다식, 약과, 강정, 산자, 타래과, 오화당과 팔보당, 옥춘당과 같은 당속류, 문어로 오린 봉황, 떡, 편육, 전과 같은 여러 가지 음식을 높이 고인다. 색상을 맞추어서 2~3열로 줄을 맞추어 배열한다. 이때 같은 줄의 음식은 같은 높이로 쌓아 올려야 하며 원추형 주변에 축祝 자, 복福 자, 희囍 자 등을 넣어가면서 고인다. 신랑, 신부에게는 국수장국이나 떡국으로 입맷상을 차린다. 입맷상은 신선로 또는 전골, 찜, 전, 나물, 편육, 회, 냉채, 잡채, 나박김치, 과자, 떡, 음료 등의 여러 음식으로 차린다. 고이는 음식에는 상화床花, 고이는 음식에 장식된 꽃를 꽂기도 하고 큰상 앞에는 떡을 빚어 구성한 떡꽃을 놓아 장식한다.

큰상 ▶

큰상을 받는 신랑, 신부는 입맷상의 음식만을 먹고 높이 고인 음식은 의식이 끝난 후에 헐어서 여러 사람에게 고루 나누어주는데, 이를 봉송이라고도 하고 꾸러미라고도 한다. 이 큰상을 그저 바라만 본다고 하여 망상望床이라고도 한다. 큰상은 혼례뿐만 아니라 회갑, 회혼례 등을 축하하는 의미로도 차린다.

(4) 폐백

폐백幣帛은 혼례 때 신부가 시부모께 인사를 드리는 예절이다. 혼인날 신부 집에서 정성껏 마련한 음식으로 신부가 시부모님과 시댁의 여러 친척에게 첫 인사를 드리게 되는데, 이 예절이 폐백이다. 폐백음식으로는 대추, 육포, 또는 닭을 쓰는데폐백대추, 폐백산적, 폐백닭, 준비한 폐백음식은 근봉謹封이라고 쓴 간지로 허리부분을 둘러 각각 홍색 겹보자기에 싼다. 폐백 때 시부모께서 신부의 치마폭에 대추와 밤을 살포시 넣어준다. 신부는 이 대추를 밤에 혼자서 다 먹어야 한다. 대추는 혼인에서 남녀의 결합을 뜻하는 음양陰陽의 조화와 벽사辟邪의 의미로 사용되기도 하고 자손 번창의 뜻이 있다. 또 부부가 평생을 함께 해로하는 동안 겪게 되는 여러 가지 고난 극복에 대한 지혜로움을 대추의 특성에서 찾기도 한다.

동양사상 속의 음양오행설陰陽五行說에서 만물에는 음양이 있으며, 음양은 어디까지나 상대적으로 당위의 만물은 음과 양으로 구분된다. 대추의 붉은색은 양을 의미하고 남자를 의미한다. 또 대추의 붉은색은 액을 쫓는 주술적 의미가 있는데, 이는 대추를 액막이로 사용하여 새 가정을 이루는 부부의 앞날이 평안하기를 기원하는 하나의 습속이다.

대추나무는 꽃을 피우면 반드시 열매를 맺어서 가지가 휘어지도록 주렁주렁 열매가 열리게 된다. 이는 부부가 혼인을 하면 자식을 많이 생산하여 종을 보존하고 대를 이어나가야 한다는 자손 번창의 메시지가 대추에 담겨져 있다.

밤은 음이며 양인 대추와 함께 조화를 이룬다. 또 밤의 한자는 율栗이다. 율栗자의 자획을 풀어보면 서목西木이 되는데, 서西는 오행에서 백색이며 금金에 해당된다. 오행은 금金, 목木, 수水, 화火, 토土의 5가지이고, 방위로는 금金이 서

🔺 폐백상

방이다. 서壽는 계절로 보면 추수를 하는 가을을 뜻하고 생산과 풍요를 의미하므로 혼례에 많이 사용한다. 시아버지는 포를 던져주기도 하는데, 이것은 관용을 뜻한다.

예부터 명절이나 대사에는 반드시 엿을 고는 풍습이 있었다. 에너지원을 공급하는 식품인 엿은 잘 붙는 특성 때문에 혼사의 폐백음식이나 이바지음식에 빠지지 않는 품목이다.

혼사에 고아 보내는 엿은 고된 시집살이를 하게 될 딸에 대한 친정어머니의 마음이 담긴 것이다. 옛말에 시어머니 시집살이보다 시누이 시집살이가 더 매섭다고 했는데, 흔히 엿은 시누이 입막음용이라고들 한다. 실제 엿은 단단하여 먹는 시간이 오래 걸리고, 먹는 동안에는 입안에서 잘 붙는 성질이 있어 잔소리를 할 겨를이 없으며, 단맛은 기분을 좋게 하기 때문에 시누이와 시어머니가 엿을 즐기면서 갓 시집온 새색시를 곱게 봐 주기를 바라는 마음이 담겨 있다.

(5) 이바지음식

예로부터 신랑, 신부를 맞이할 때 양가에서 마련한 큰상 음식을 잔치 후 신랑 집에서는 신부 댁으로 보내고, 신부 집에서는 신랑 댁으로 보내던 예물음식의 풍속이 이바지음식으로 정착되었다. 신부의 어머니가 마련하는 이바지음식은 갓 시집가서 시댁의 가풍과 음식에 대한 기호에 익숙하지 못한 딸에 대한 배려가 담긴 친정어머니의 선물이다. 딸은 어머니의 마음이 담긴 이바지음식으로 시댁 가족들에 대한 음식의 기호를 파악할 수 있는 기회와 시댁 부엌살림에 익숙해질 시간적 여유를 얻을 수 있어 한동안 어렵고 서툰 시댁에서 수월하게 밥상과 다과상을 차려낼 수 있다. 이때의 예물음식은 전, 편육, 갈비, 마른 찬, 각색 인절미, 절편, 유과, 전과, 과일, 술 등 단기 저장품인 밑반찬을 중심으로 하고 전통 떡, 과자 등으로 구성된다. 이 음식의 맛과 간, 모양새 등을 보고 시어머니가 며느리 집안의 음식 솜씨를 가늠하기도 하고 며느리의 식성도 알게 되며, 새 며느리의 음식 교육을 위한 지표가 되기도 하였다. 시댁에서도 새 며느리에게 밥상을 내려 며느리가 시댁음식의 맛과 간을 보아서 시댁 기호를 익히는 참고 자료가 되게 하였으며, 며느리의 첫 친정 나들이에 정성스레 예물음식을 보내 시댁음식을 선보이기도 한다.

이바지음식은 지방마다 그 풍습이 조금씩 다르다. 경상도에서는 신랑 집에서 함을 보낼 때, 그리고 신랑, 신부 양측에서 혼례 전날 또는 당일에 혼인음식을 서로 주고받는다.

7) 수연례

수연은 어른의 생신에 아랫사람들이 상을 차리고 헌수獻壽를 하여 오래 사시기를 비는 의식이며 아랫사람이 있으면 누구나 할 수 있다. 사회활동을 하는 자제들이 부모를 위해 수연의식을 하려면 아무래도 어른의 나이가 60세가 되어야 하므로 60세 생일부터 한다. 60세의 생일을 맞으면 육순六旬이라 하여 이전의 생일보다 나은 연회를 베푸는데 이것은 육순연六旬宴이다. 그리고 61세의 회갑부터 장수의 잔치라고 하여 수연壽筵이라고 부른다. 수연壽筵을 수연壽宴이라고도 하지만 특히 대자리 연筵 자를 쓰는 것은 그 연회를 높이는 뜻과 자리를 깔고 특별히 큰상을 올린다는 의미가 더해진 것이다. 이 의식은 헌수하기 위해 큰상을 차리는데 이때의 큰상은 혼례와 같은 상차림이다. 이 큰상에는 술, 주찬酒饌, 어육, 떡, 식혜, 수정과류, 전유어, 적炙, 전골, 나물, 전통과자류, 생과일류 등 온갖 음식이 다 오르고 떡국이나 국수장국 종류는 놓이지만 밥과 국飯羹을 쓰지 않는데 이는 큰상이 헌수를 위한 상이므로 밥상이 아니라는 의미이다.

옛날에는 회갑상을 받고 난 후부터의 생신상에는 어른들이 미역국을 올리지 못하게 하고 탕으로 대신하게 하였는데, 이는 스스로 오래 사는 삶을 겸양하였기 때문이다.

◀ 수연례 입맷상

(1) 수연의 종류

육순六旬   60세 생신이다. 육순이란 열十이 여섯六이란 말이고, 육십갑자를 모두 누리는 마지막 나이이다.

회갑 · 환갑回甲, 還甲   61세 생신이다. 60갑자를 다 지내고 다시 낳은 해의 간지가 돌아왔다는 의미이다. 수연례 중 가장 큰 행사이다. 갑연甲宴, 주갑周甲, 화갑華甲, 환갑還甲 등으로도 부른다.

진갑進甲   62세 생신이다. 가장 성대한 회갑잔치를 치루고 난 다음 해이므로 잔치 규모가 조금 작다.

미수美壽   66세 생신이다. 옛날에는 66세의 미수를 별로 의식하지 않았으나 77세, 88세, 99세와 같이 같은 숫자가 겹치는 생신과 같이 66세를 기념하게 되었다.

희수 · 칠순稀壽, 七旬   70세 생신이다. 옛말에 '사람이 70세까지 살기는 드물다人生七十古來稀'에서 유래되어 이때의 잔치를 희연稀宴, 드물게 보는 잔치이라고 일컫기도 한다.

희수喜壽 77세 생신이며, 자손들은 부모의 생일을 맞아 희수연을 벌인다. 이는 희喜 자를 초서로 쓰면 칠십칠七+七이 되는 데서 유래되었다.

팔순八旬 80세 생신이다. 이는 열이 여덟임을 뜻한다.

미수米壽 88세 생신이다. 자손들은 88세의 생일잔치인 미수연米壽宴을 벌인다. 미수는 미米자를 풀어쓰면 팔십팔八+八이 되는 데서 유래하였다.

졸수 · 구순卒壽, 九旬 90세 생신이다.

백수白壽 99세의 생신이다.

백수百壽 일백세의 생신으로 최장수를 축하하는 연회이다.

(2) 회갑

혼례를 치르고 자식을 낳아 기르며 살아가다가 나이 61세에 이르게 되면 회갑回甲을 맞는다. 회갑은 자기가 태어난 해로 돌아왔다는 뜻으로 '환갑還甲'이라고도 하고, '화華' 자를 풀어서 분석하면 61이 된다고 하여 '화갑華甲'이라고도 한다. 최근 60세는 고령에 끼지도 못하지만, 예전에는 60수를 넘긴다는

🔺 모조화(상화)의 예시

것이 그다지 흔치 않은 일이었다. 그래서 회갑이 되면 자손들이 큰 잔치를 베풀어 축하했는데, 그 전통이 지금까지 이어지고 있는 것이다.

회갑연을 위해 마련되는 상차림은 큰상이라고 하여 여러 가지 음식을 높이 괴어 담아 놓으며, 이는 한국의 상차림 중에서 가장 화려하고 성대한 것으로 자손들이 키워주신 부모께 감사의 뜻으로 베풀어 드리는 향연이다. 큰상차림은 지방이나 가문 또는 계절에 따라 약간 차이가 있기는 하지만, 대개 과정류果類·사탕류·생실과生實果·건과乾果·떡·편육·저냐 등을 30~70cm 높이의 원통형으로 괴어 색상을 맞추어 배열한다.

이들 여러 음식 중에서도 떡은 특히 중요하게 생각하여 흔히 갖은 편이라고 일컫는 백편·꿀편·승검초편을 만든다. 만들어진 편을 직사각형으로 크게 썰어 네모진 편틀에 차곡차곡 높이 고인 후에 화전이나 잘게 빚어 지진 주악, 각종 고물을 묻힌 단자 등을 웃기로 얹어 아름답게 장식한다. 또 인절미도 층층이 높이 고여 주악·부꾸미·단자 등의 웃기를 얹는다. 예전에는 색떡으로 나누어 꽃이 핀 모양의 모조화模造花를 만들어 장식하기도 하였다. 회갑연에서 사용했던 떡은 잔치가 끝난 다음에 잔치에 참석한 사람들과 함께 나누어 먹었다.

8) 회혼례

혼인을 한 해로부터 60주년이 되는 해를 회혼일回婚日이라고 하여 예로부터 큰 잔치를 베풀었는데, 이를 회혼례라고 한다. 우리 선조들이 누리고 싶었던 오복五福은 수壽, 부富, 귀貴, 강녕康寧, 다남多男이었다. 오래 사는 수가 으뜸이요, 그 중에서도 가장 선망을 받았던 수가 회혼 수였다. 그래서 인생의 많은 통과의례 가운데 가장 성대한 것이 60년 해로 잔치인 회혼례였다. 벼슬한 사람이면 임금으로부터 의복과 잔치음식을 하사받고 궤장几杖, 궤와 지팡이까지 내린다. 각지에서 모여든 친지들은 일단 문간방에 안내되어 열두폭 병풍에 자신의 이름을 서명한다. 이를 축수서명이라고 하며 이렇게 만들어진 병풍을 만인병萬

ㅅ屍이라고 한다. 회혼잔치의 만인병에 축수서명을 하면 장수한다고 하여 회혼잔치 소문만 들으면 아무리 먼 곳에서도 찾아와서 서명을 했다고 한다. 이 만인병을 두르고 혼례 때처럼 큰상을 받고 잔치를 벌인다.

9) 제례

사람이 한평생을 살다가 운명하게 되면 고인을 추모하는데, 이때 자손들이 올리는 의식이 제례祭禮이다. 그 형식은 제사의 종류, 가문의 전통과 가세 등에 따라 다르다.

제찬제사음식은 제의에 쓰이는 여러 가지 재료를 말하며, 예로부터 전해내려 오는 전통음식 중 가장 보수성이 강한 음식이다. 제찬은 조상과 그 후손의 영적 교감의 세계를 보다 원활하게 하며 서로를 연결시켜주는 매개 역할을 하는 것으로 제례를 행하는 사람에 의해 구체화되어 표현되는 하나의 상징물이라고 할 수 있다. 제사는 조상을 추모하면서 동시에 그 은덕을 힘입어 좋은 삶을 영위하려는 축복을 기원하는 의식이므로 먼저 몸과 마음을 깨끗이 하고 정성을 다해 음식을 만든다. 제찬은 형편에 맞게 꼭 필요한 것만 준

제례상 ▶

비하고 제찬의 재료는 겹치지 않게 준비하며 다양성과 균형을 유지하여 조리한다. 제사는 먼저 간 자와 남아 있는 사람들을 위한 작은 잔치라고 할 수 있고 옛날에는 마을 공동체로 모여 살았으므로 한 집에서 제사를 지내면 온 마을 사람들이 일손을 거들고 음식을 함께 나누어 먹었다. 제사는 조상을 추모하는 정신, 현재의 나를 있게 한 이들에게 감사의 마음을 되새기며 또 우리가 지금 서 있는 위치를 돌아보는 자리이고, 가족들의 화목을 더욱 돈독하게 하는 작은 축제이다. 슬픔도 미련도 산 사람의 몫, 시간이 지나면 그마저도 희미해지고 일 년에 한 번 돌아오는 제사를 모시러 모인 가족들은 이를 계기로 삼아 정을 나누고 친목을 다지게 된다.

제찬 준비는 가족 공동의 작업으로 남녀가 역할을 분담하여 함께 일한다. 남자들은 제기를 간수하고 제수를 다듬는 등 재료 준비를 하고 여자들은 음식을 만든다. 이렇게 남녀가 합심하고 형제가 뜻을 모아 함께 일하면서 가족애를 다지는 것이다. 제사는 모든 의례 중 가장 보수성이 강한 의식으로 제수 및 제기, 진설법의 대부분이 옛 풍습 그대로 전래되었다. 집안의 어른을 중심으로 제사가 진행되면서 가족들은 자연스레 집안의 서열과 예의범절, 의식 순서의 리듬을 익히고 기다림의 지혜를 배운다.

화려한 색과 비린내가 있는 음식은 금기로 여겨 왔으며, 같은 종류의 음식을 짝을 맞추지 않기 때문에 홀수로 만들었다. 제찬으로는 조과·포·면식·반·저냐·나물 등과 함께 떡을 하게 된다. 메, 탕, 적, 나물, 침채, 청장, 청밀꿀, 편, 포, 당속류, 다식, 정과, 과일, 제주, 갱, 수저와 대접, 지방, 향로, 촛대 등을 준비한다. 제기는 유기, 목기, 사기로 되어 있는데 높이 숭상한다는 의미로 굽을 붙여서 만들었으며 편틀은 네모난 모양에 밑받침이 붙어 있다.

(1) 제수의 종류

제수는 일정한 격식에 맞추어 배열한다. 제사를 모시기 전에는 제상에 올릴 제수를 먼저 맛보아서는 안 되며 메밥, 탕 등은 따뜻해야 하므로 미리 올리지 않는다. 제상 위에 제수를 올려놓는 진설에도 규범이 따른다.

밥메 주발에 소담하게 담고 뚜껑을 덮는다. 차례상에는 밥을 올리지 않는 것이 보편적이다. 대신 설날에는 떡국을, 추석에는 송편을 올린다.

국羹 쇠고기와 무를 네모반듯하게 썰어 함께 끓인다. 차례상에는 올리지 않는 것이 일반적이다.

국수麵 국수를 삶아 건진 것으로 주발에 담아 뚜껑을 덮는다. 집안에 따라 올리지 않기도 한다.

떡편 대개 거피팥고물, 녹두고물 등을 얹어 찐 찰편, 멥쌀편을 편틀에 고여서 올리고 찹쌀로 빚어 기름에 지진 주악을 웃기로 얹는다.

청밀淸蜜 떡을 찍어 먹기 위한 꿀이나 조청으로 종지에 담는다.

탕湯 육탕肉湯, 어탕魚湯, 소탕素湯의 3가지가 기본이다. 고추, 파, 마늘을 사용하지 않는다. 보통 국물을 올리지 않고 건더기만 탕기에 담지만 국물을 함께 올리는 경우도 있다.

전煎 제수로 쓰일 때 갈납이라고도 한다. 고기전, 생선전을 비롯하여 집안에 따라 두부전, 각종 채소전을 준비한다. 기름 냄새를 따라 조상이 제물을 받으러 오신다歆饗고 여겼다.

적炙 육적, 어적, 소적의 3가지를 만들어 술을 올릴 때마다 바꾸어 올린다.

초첩 식초를 말한다.

나물熟菜 도라지, 고사리, 배추 나물을 함께 담으며 파, 마늘 양념을 쓰지 않는다.

김치 나박김치를 하얗게 담아 놓는다.

과실 대추, 밤, 감홍시, 곶감, 배가 전통적으로 쓰이는 생과이며 그 밖에 사과, 수

박, 참외, 석류, 귤 등을 계절에 맞게 사용할 수 있으나 복숭아는 쓰이지 않는다. 조과는 산자유과, 엿강정, 약과 등이 쓰인다.

포脯 육포, 어포를 말하며 문어다리를 공작 깃의 형태로 오려서 장식한다.

숙수熟水 찬물에 밥알을 약간 풀어 놓은 일종의 숭늉이다.

식혜 건더기만을 건져서 담는다. 집안에 따라 올리지 않기도 한다.

간장 맑은 간장淸醬을 종지에 담는다.

제주祭酒 술을 말한다.

(2) 제사상차림진설

제사상은 제기와 제수를 규범에 맞게 일정한 격식을 갖추어 배열하나 집안마다 또는 가풍에 따라 달리 차려지므로 가가례家家禮라고 불릴 정도로 다양하다. 상차림의 기본적인 관행은 다음과 같다.

첫째, 내외분이라도 남자 조상과 여자 조상의 상은 따로 차린다.

둘째, 내외분을 함께 모시고 제사를 지낸다. 즉 아버지 기일일 때 어머니도 함께 모시며 하나의 제상에 차린다.

셋째, 밥은 서쪽이고 국은 동쪽이다. 이것은 산 사람이 먹을 때와 정반대의 상차림이다.

넷째, 수저를 담은 그릇은 신위의 앞 중앙에 놓는다.

다섯째, 술잔을 서쪽에 놓고 초첩은 동쪽에 놓는다.

여섯째, 적은 중앙에 놓는다.

일곱째, 생선의 머리는 동쪽을, 꼬리는 서쪽을 향하도록 놓는다. 고기는 서쪽에 놓는다.

여덟째, 붉은 과일은 동쪽에, 흰 과일은 서쪽에 놓는다.

아홉째, 국수는 서쪽에, 떡은 동쪽에 놓는다.

열째, 익힌 나물은 서쪽에, 김치는 동쪽에 놓는다.

열하나째, 포는 왼편에, 식혜는 오른편에 놔둔다.

이러한 규범은 전통적으로 제시되는 상차림의 한 형식이다. 현대사회에서는 각 가정마다 전래되는 진설법이 있는 경우에는 그에 따르며 천주교나 개신교 추모의식의 경우에는 형식에 구애받지 않고 자유로운 상차림을 해도 무방하다.

(3) 기제사와 차례

기제사는 고인의 돌아가신 날에 지내는 제사를 말하며 차례는 설, 추석 등 명절에 지내는 제사이다. 옛말은 '다례'였지만 지금은 그 말이 차 예절을 뜻하는 말로 쓰이고 있으므로 현대에는 '차례'라고 한다. 즉, 제사 속에 차례가 포함되어 있다고 생각하면 된다. 제사는 밤에 그날 돌아가신 조상과 배우자를 위해 지내고, 차례는 낮 시간에 지내며 모든 조상을 한 상에서 모신다. 제사에는 밥과 국을 올리고, 차례에는 계절음식으로 설에는 떡국을, 추석에는 송편을 올린다.

기제사 고인의 망일忌日에 지내는 제사로 자신을 낳아 길러주고 돌보아주신 선조, 또는 형제자매에 대해 정성을 다하는 예禮로서 지내는 제사이다. 몸과 마음을 경건하게 하고 금기禁忌한다는 의미에서 그 날을 기일忌日 또는 휘일諱日이라고도 한다. 성균관에서 지냈던 유교식 제사 형식과 절차를 기본으로 하고, 현대에는 각 종교마다 변형된 형태로 지낸다.

차례 설날과 추석날 아침에 지내는 차례는 가문마다 형식이 조금씩 다르다. 예전에는 차례를 사당에서 지냈으나 요즘에는 사당을 모신 집이 거의 없으므로 대청마루나 거실에서 지내는 것이 적당하다. 복장은 한복 차림이 좋으며, 특히 설 차례는 색동저고리 등 화려한 옷차림도 무관하다. 한복을 입고 차례를 지낼 때는 두루마기를 입는 것이 예의이다.

차례의 특징은 기제사와 달리 절차가 간단한다. 축문이 없고, 술은 한번만 올리는 단 잔으로 하며 술 대신 차를 올려도 된다. 제물은 가정형편에 맞게 정성을 담아 장만한다. 차례도 제사와 마찬가지로 온 집안 식구들이 모여 지낸다. 작은집 식구들이 아침 일찍 간소하게 차례를 지내고 큰집으로 모여 정식으로 차례를 지내는 집도 있고 큰집부터 지내기도 한다. 또, 세배歲拜, 살아 있는 사람들끼리 인사를 올림를 먼저 하는 집안도 있다. 차례는 아침이나 오전에 지내므로 촛불은 켜지 않는다. 헌다진다, 숭늉 올리는 것절차가 없는 가문도 있다. 기제사에는 식혜를 올리는 것과 달리 차례에는 해생선젓, 조기를 올리기도 한다. 초헌 잔을 올린 후 제주만 재배하는 것이 기제사의 원칙이지만 이와 달리 차례는 무축단잔無祝單盞, 축문을 읽지 않고 술잔도 한 번만 올리는 것임을 감안하여 다 같이 제사를 모신다는 의미에서 일동재배하기도 한다.

(4) 음복과 비빔밥 문화

음복은 제사에 참례한 자손들이 제수를 나누어 먹으며 조상의 음덕을 기리는 제례의 한 절차이다. 이는 제찬의식을 할 때 제사상에 올려진 술을 음복하고 제사음식을 골고루 먹으면서 제사를 모신 사람과 받는 사람이 하나가 된다는 신인합일神人合一, 신인융합神人融合의 생각에서 비롯된 것이다.

한편 제수음식을 함께 나누어 먹으면서 가족, 친척, 이웃 간의 공동체의 소속감을 다질 수 있는 기회가 된다. 비빔밥은 음복의 형태가 발달되어 만들어진 전통음식이다. 조상과 내가 하나 되기를 기원하고 복을 비는 마음과 제사음식을 빠짐없이 먹기 위한 방편으로, 곧 신인공식하기 위해 밥에다 갖가지 제찬을 고루 얹어 비벼 먹게 된 것이 비빔밥의 형태로 발달하게 되었다는 설이 있다.

또한 제천의식, 산신제나 동제는 집에서 멀리 떨어진 곳에서 치러졌는데, 식기가 제대로 갖추어지지 않은 상태에서 많은 인원이 함께 제수를 먹기 위해서는 그릇 하나에 여러 제찬을 섞어 먹는 방법인 비빔밥이 매우 합리적이었을 것이다.

4. 세시음식과 향토음식의 상차림

1) 세시음식

우리나라는 예부터 농경 위주의 생활을 해왔는데, 이에 따라 기후와 계절이 밀접한 관계를 맺는 세시풍속이 발달하였다. 세시풍속은 1년 4계절에 따라 관습적으로 반복되는 생활양식을 말하며 해마다 되풀이되는 민중의 생활사가 되기도 하였다. 이는 오랜 세월을 살면서 이루어진 것이어서 민중의 신앙, 예술, 놀이, 음식 등과 밀접하게 관련이 있다. 세시풍속은 태음력으로 진행되었으며, 24절기에 따라 농사를 지었고 이 절기순환은 농경뿐만 아니라 어업을 하거나 관혼상제를 치르는 데도 쓰였다.

세시풍속의 유래는 여러 가지 측면에서 살펴볼 수 있다. 조상 숭배에서 비롯된 천신薦新, 새 물건을 먼저 신위에 올리는 일과 민간신앙을 토대로 한 세시풍속에는 설날, 정월대보름上元, 유두, 추석, 삼월삼짇날의 납향이 있고 역사적 의의를 가지는 세시풍속에는 정월대보름, 단오, 유두, 동지가 있다. 농경의례에서 풍년이 들기를 바라는 기원과 추수감사가 담긴 세시풍속에는 중화절, 단오, 추석이 있고 복을 기원하며 화를 피하려는 마음이 깃든 세시풍속에는 정월대보름, 시월 상달, 동지가 있으며 불교문화의 생활의식에서 비롯된 세시풍속에는 등석사월 초파일이 있다. 건강을 지키기 위한 지혜가 돋보이는 세시풍속에는 삼복이 있으며 자연을 즐기고 풍류적인 아름다움을 추구한 세시풍속에는 삼월삼짇날중삼, 중구절 등이 있다.

농경사회였으므로 그동안 주기적인 연중행사가 곧 세시풍속의 초석을 이루었고 풍속과 함께 음식이 전승되어 왔으며, 이때 차리는 음식이 시절식이 된 것이다. 세시음식은 시식과 절식으로 나뉘는데 시식은 춘하추동 계절에 따라 나는 제철 재료로 만드는 음식을 말하며, 절식은 다달이 있는 명절에 차려 먹는 음식을 말한다. 이러한 시절식의 재료는 손쉽게 구할 수 있는 각 계절에 따라 생산되는 제철 재료들이 반영되어 정착된 것이므로 제철 음식의 보고라고 할 수 있다.

이러한 시식과 절식은 역사의 변천에 따라 자연스럽게 형성된 전통적인 식생활문화의 한 단면으로 우리의 정신적, 신체적 건강을 조절하는 데 도움이 되었다. 또 농경사회에서 오랜 세월동안 형성되어 토착성과 사회성이 농후하고 우리의 생활의식이 뿌리내린 것으로, 특히 농경민으로서의 공동체의식이 내재되어 있는 고유한 풍속이다.

(1) 정월正月

설날 한해의 첫 시작을 여는 날로 명절 중 으뜸이다. 원단元旦, 원일元日, 세수歲首, 연수年首라고도 부른다. 설의 의미는 '삼가다, 설다, 선다' 등으로 해석하기도 하며 설은 묵은해에서 분리되어 새해로 통합되어 가는 전이과정이므로 근신하고 경거망동을 삼가는 날로 설날을 신일愼日이라고 하기도 한다. 설날에는 차례상과 세배 손님을 위해 갖가지 음식을 준비하는데, 이것을 세찬歲饌이라고 한다. 세찬으로는 떡국, 세주歲酒, 찜, 전유어, 나물, 나박김치, 식혜, 수정과, 전통과자, 인절미 등의 떡류 등 여러 음식을 정성을 다해 장만한다.

입춘立春 대한大寒과 우수雨水 사이에 있으며, 이때부터 봄이 시작된다고 한다. 양력으로는 2월 4일경이다. 입춘 절식으로는 눈 밑에서 갓 돋아난 움파, 멧갓, 승검초, 순무, 생강 등의 나물을 매콤하고 새콤하게 무쳐 오신반五辛盤을 만들어 먹는다. 이는 긴 겨울 동안 부족했던 비타민을 보충할 수 있고 겨우내 움츠렸던 몸이 봄맞이를 미리 맛볼 수 있게 하는 지혜로움이 돋보이는 시식이다.

⬥ 잡누르미와 잡채

🔺 설날 떡국 상차림

한국의 식생활문화

정월대보름上元　음력 1월 15일이며 1년 중 첫 보름달이 뜨는 날로 농경 중심 사회에서는 달이 차지하는 비중이 대단히 크므로 중요한 의미가 있다. 그래서 대보름의 풍속은 농경 중심이고 풍요를 기원하는 성향이 강하다. 절식은 오곡밥과 9가지 묵은 나물, 복쌈, 부럼, 귀밝이술耳明酒을 준비한다. 이날 아침 호두, 잣, 땅콩 등의 부럼을 깨물면 1년 내내 부스럼이 생기지 않는다고 하였으며, 또한 귀밝이술을 마시면 1년 내내 귀가 밝아지고 잡귀를 몰아내고 질병을 쫓는다고 하였다.

◀ 진채식
(陳菜食, 9가지 묵은 나물)

새해를 맞이하는 정월은 한해의 시작이므로 특히 기복祈福과 안녕, 액막이, 농사의 풍년 등을 소망하는 관습이 있었고, 이는 음식에서도 찾아볼 수 있다. 세찬의 으뜸인 떡은 흰쌀로 빚고 가래떡을 썰 때에는 엽전 모양으로 둥글게 써는데, 이것은 백색무구의 신성함으로 새해를 맞이하고, 엽전처럼 생긴 떡국을 먹으면서 재물이 많기를 소망하는 의미를 가진다. 약재로 빚은 도소주와 이명주, 부럼은 건강을 기원하며, 9가지 묵은 나물은 숫자 중에 가장 큰 아홉의 상징이므로 풍성한 채소의 수확을 염원한다. 김이나 취나물 잎으로 밥을 싸서 먹으면 복을 받는다고 하여 복쌈이라는 이름이 붙었다.

◐ 부럼(견과류)

◐ 약밥

◐ 복쌈

(2) 2월

중화절中和節　음력 2월 초하룻날이며 농사일이
시작되는 시기이므로 노비일奴婢日, 머슴날이라고도
한다. 절식으로는 큰 노비송편을 만들어 힘든
한해 농사를 책임질 일꾼들을 미리 격려하고 그
노고를 위로하는 뜻이 담겨 있다.

(3) 3월

삼짇날　음력 3월 3일, 3이 겹친다고 하여 중삼重

◎ 노비송편

三이라고도 하며, 강남을 갔던 제비가 돌아오는
날이다. 답청절踏靑節이라고도 하는데 이날 들판에 나가 꽃놀이를 하고 새 풀
을 밟으며 봄을 즐기기 때문에 붙여진 이름이다. 이 시기가 되면 풍류를 즐
기는 선인들은 나들이를 하여 시회詩會를 열고 새봄을 즐겼으며, 여인들도 화
전놀이 등을 즐기기도 하였다.

　이 절식으로는 진달래꽃전, 화면, 진달래화채, 향애단香艾團, 탕평채湯平菜, 두
견주 등이 있다.

◎ 진달래꽃전과 두견주

◎ 탕평채

(4) 4월

한식寒食 　청명절清明節 또는 그 다음날로 동지冬至에서 105일째 되는 날이다. 이 날에는 불을 피우지 않고 찬 음식을 먹는다는 옛 관습에서 비롯된 명칭이다. 찬 음식을 먹는 것은 옛 중국 진晉나라의 충신인 개자추介子推의 혼령을 위로하고 애도하기 위함이라고 한다. 종묘, 능원에 제향을 지내고 민간에서도 성묘를 한다. 한식이 지닌 고대 종교적 의미로 매년 봄에 신화新火를 만들어 쓸 때 구화舊火를 금지하는 예속에서 비롯된 것으로 이날은 불을 쓰지 않아 찬 음식을 먹고 술, 과일, 포, 식혜, 떡, 국수, 탕, 적 등의 음식으로 제사를 지낸다.

등석燈夕 　음력 4월 초파일로 석가모니의 탄생일이다. 이날 절을 찾아가 제齋

느티떡 ●

를 올리고 여러 모양의 등을 만들어 불을 밝힌다. 절식은 고기, 생선 등을 피하고 향이 좋은 제철 재료를 이용한 느티떡, 길손에게 나누어주면 불가의 인연을 맺는다고 알려진 볶은 검은콩, 삶은 미나리 등 소박한 음식이며 이것을 부처님 생신의 소찬素饌이라고 한다.

(5) 5월

단오端午 　수릿날이라고도 하며 음력 5월 5일은 1년 중 가장 양기陽氣가 성한 날이며, 모내기가 끝난 벼농사의 풍성한 수확을 기원하는 절식이다. 전통적으로 4대 명절에 속하며 중요하게 여겨왔다. 단오 행사는 북쪽 지역으로 갈수록 번성하고 남쪽 지역에서는 단오보다는 추석 행사가 더 번성했다. 절식은 수리취 잎으로 만든 차륜병수리취떡과 제호탕醍湖湯, 앵두화채, 앵두편이 있다. 특히 차륜병은 단오날이면 누구나 만들었던 보편적인 절식이었고 제호탕은 궁중의 내의원內醫院에서 만들어 왕가에만 진상하던 약이성 음료이다. 제호탕은 여름에 더위를 이기고 보신하기 위해 마시던 청량음료인데 오매烏梅, 축사縮沙,

◐ 제호탕

◐ 앵두화재

◀ 차륜병(수리취떡)

백단白檀, 사향麝香 등의 한약재를 곱게 갈아 꿀을 넣고 중탕으로 데워 응고상태로 두었다가 끓여 얼음물에 타서 시원하게 마신다.

(6) 6월

유두流頭 '동류두목욕東流頭沐浴'의 준말이 유두로 신라시대부터 전래된 것이다. 음력 6월 15일 이날은 동쪽으로 흐르는 물에 가서 머리를 감고 재앙을 떨쳐낸 다음 음식을 장만하여 물놀이를 하면 상서롭지 못한 것을 쫓고 여름에 더위를 먹지 않는다고 하는 풍습이다. 절식은 떡수단이나 건단, 유두면, 밀전병, 준치만두, 편수 등이 있다.

⬧ 떡수단　　　　　　　　　　⬧ 밀전병(밀쌈)

⬧ 준치만두　　　　　　　　　⬧ 편수

(7) 7월

삼복三伏　하지夏至 이후 셋째 경일庚日을 초복, 넷째 경일을 중복, 입추立秋 후 첫 경일을 말복이라고 하며, 이 셋을 통틀어 삼복이라 하는데 이 기간은 그 해 더위가 극치를 이루는 때이다. 옛날에는 복伏 중에 개를 삶아 파, 마늘, 고추 등을 넣고 푹 끓인 개장狗醬을 해먹었다. 또 육개장, 삼계탕 등의 보양식을 먹으면서 더위를 이열치열以熱治熱로 이겨내고 몸을 다스리는 지혜가 돋보인다. 그 외 절식으로 팥죽, 임자수탕荏子水湯, 깨국탕 등이 있다.

칠석七夕　음력 7월 7일로 헤어진 견우와 직녀가 1년 만에 만나는 날이다. 여름 장마철에 습기로 인해 옷가지와 책에 피는 곰팡이를 제거하기 위해 옷과

▲ 육개장

▲ 임자수탕

책을 햇볕에 말리는 폭의曝衣와 폭서曝書 풍속이 있었다. 절식으로 밀전병과 밀 국수, 호박전을 만든다.

(8) 8월

추석 한가위, 가배일嘉俳日, 중추절仲秋節이라고도 한다. 이 무렵에는 오곡백과 의 수확이 시작되며 농경민족이던 우리 선인들은 봄부터 여름동안 가꾸어 얻은 햇곡식과 햇과일을 먼저 조상에게 차례를 지내고 먹었다. 결실의 계절 에 먹을거리의 풍요에 대해 감사하고 조상의 은덕에 감사하는 마음으로 여러 음식을 정성 스레 장만한다.

절식으로 햅쌀로 빚은 신도주新稻酒와 오려송 편, 이 절후의 제철 식품인 토란으로 맑은 장 국을 끓인 토란탕, 햇 채소로 지진 화양적, 제 철 식품인 송이로 만든 산적과 전골, 봄부터 햇병아리를 잘 길러 추석에 사용한 닭찜, 햇 배로 만든 배숙 등 다양한 특별식으로 추석절 식의 상차림을 한다.

▲ 삼색오려송편

⬥ 추석상차림

한국의 식생활문화

◀ 오려송편

◀ 추석 토란탕

(9) 9월

중구重九 음력 9월 9일으로 이날을 중양重陽이라고도 하는데, 이것은 양수陽數
가 겹쳤다는 뜻이다. 중구절에는 향기 높은 국화꽃이나 잎으로 국화전을
만들고 국화꽃을 띄운 국화주를 빚고 이 무렵에 나는 배, 유자로 화채를 만
든다.

◐ 유자화채

◐ 팥시루떡

(10) 10월

시월 상달上月, 農功祭   한해의 농사가 마무리되는 10월은 추수 감사의 달이므로 상달이라고 하였다. 이달 민가에서는 햇곡식의 시루떡과 술, 과일을 장만하여 고사告祀를 드리고, 또 5대조 이상 조상의 제사를 드리는 시제時祭를 한다. 이달부터 추운 날씨가 이어지므로 뜨거운 음식을 즐긴다. 시절식으로 화로에 둘러앉아 고기를 굽거나 볶는 요리인 난로회煖爐會, 열구자탕悅口子湯, 팥시루떡 등이 있다. 궁중에서는 10월 초부터 정월까지 내의원內醫院에서 타락죽駝酪粥, 우유죽을 만들어 왕에게 진상하였다.

(11) 11월

동지冬至   예전에는 '아세亞歲 또는 작은설'이라고 하였다. 이날은 다가오는 새해를 준비하는 과정의 달이기도 하다. 하지부터 짧아진 낮이 가장 짧은 날이며 동지부터 낮이 길어지기 때문에 고대인들은 태양이 죽음으로부터 부활한다고 여기고, 축제를 벌여 신에 대한 제사를 올렸다. 시절식으로 새알 모양의 떡을 나이 수만큼 넣은 팥죽을 쑤어 먹는데, 이 팥죽을 먹어야 새해에 한 살을 더 먹을 수 있다는 풍습이 있다. 또 팥죽을 쑤어 먼저 사람이 드나드는 대문이나 문 근처의 벽에 뿌려서 액厄을 쫓았다. 이것은 팥의 붉은색이 악귀

◔ 동지팥죽

를 쫓는 축귀 주술행위의 일종이다. 그 외 궁중 내의원에서는 전약煎藥을 만들어 진상하였다.

(12) 12월

섣달그믐　한해를 보내는 마지막 날로 다음날 새해 준비와 지난해를 정리하는 날이다. 집안 어른과 일가를 찾아 묵은 세배를 하기 위해 밤늦게까지 호롱불을 들고 다녔다고 한다. 이날 집안에 밤새 불을 밝히고 잠을 자지 않는다. 밤을 지새워야 잡귀의 출입을 막고 복을 받는다는 수세守歲의 풍습이다. 묵은해를 보내고 새날을 맞이해야 하므로 바느질을 하던 것은 해를 넘기지 않기 위해 이날 내에 마무리하였고 음식도 남기지 않아야 한다는 풍습이 있어 섣달 그믐날 저녁에는 남은 음식으로 비빔밥골동반을 만들어 먹었다.

납일臘日　동지에서 3번째의 미일未日을 납일이라 한다. 이날 종묘사직에 대제大祭를 드리는데 사냥해온 멧돼지나 산토끼 고기를 쓴다. 또 이날 참새를 잡아 구워먹기도 한다. 궁중 내의원에서는 청심환淸心丸, 기사회생시킴, 안신환安神丸, 열을 다스림, 소합환蘇合丸, 곽란을 다스림 등의 환약을 만들어 왕께 진상하는데, 이것을 납약臘藥이라고 하였다.

한편 설 전에 웃어른과 친지들께 한 해 동안 베풀어 주신 은혜에 보답하기 위해 귀한 음식을 보내기도 하며 이 먹을거리는 세찬이라고 한다. 어른들이 아랫사람들에게 보내는 음식도 세찬이라고 하였다. 이 세찬의 대표적인 음식에는 쌀, 술, 담배, 어물魚物, 고기류, 꿩, 달걀, 곶감, 김, 감동젓무김치 등이 있다.

◔ 비빔밥

2) 향토음식

향토음식은 각 지방에서 생산되는 재료를 그 지방의 고유한 조리법으로 조리하여 과거부터 현재까지 그 지방 사람들이 먹고 있는 것을 말한다. 그 지방에서만 생산되는 특산재료를 사용하여 그것에 적합한 조리법으로 발전시킨 음식이거나 그 지방에서 많이 생산되거나 타지방으로부터 많이 공급받을 수 있는 재료를 사용하여 적합한 조리법에 의해 발전시킨 음식, 각지 어디에나 있는 흔한 재료를 사용하더라도 조상들의 생활형태, 기후, 풍토 등 지역적 특성이 반영된 특유의 조리법이나 타지방과 달리 차별적으로 발전한 가공기술을 이용하여 발전시킨 음식, 옛날부터 그 지방 행사와 관련하여 만든 음식으로 오늘날까지 전해오는 음식을 말한다.

　지형적으로 한국은 북쪽과 동쪽에는 산이, 남쪽과 서쪽에는 평야가 비교적 많이 분포하고 있다. 그러므로 서해안에 면한 중부와 남부 지방에서는 쌀밥과 보리밥을 먹었다. 산간지방에서는 육류와 신선한 생선류를 구하기 어려우므로 소금에 절이거나 말린 생선, 해초, 그리고 산채를 쓴 음식이 많고, 해안이나 도서 지방은 바다에서 채취한 생선이나 조개류, 해초가 음식의 주된 재료가 된다. 향토음식은 지방에 따라 서울, 경기도, 강원도, 충청남 · 북도, 전라남 · 북도, 경상남 · 북도, 제주도, 황해도, 함경도, 평안도로 나눌 수 있다. 현재 북한의 경우 평양, 평안남 · 북도, 함경남 · 북도, 황해남 · 북도, 양강도, 자강도, 강원도로 구획되어 있다.

(1) 서울

서울은 자체에서 나는 산물은 별로 없으나 전국 각지에서 생산된 여러 가지 재료가 수도인 서울로 모였기 때문에 이것을 다양하게 활용하여 각종 품위 있고 수려한 음식을 만들었다. 서울은 조선시대 초기부터 500년 이상 수도였으므로 서울음식에는 조선시대 음식풍이 남아 있다. 서울음식의 간은 짜지도 맵지도 않은 적당하고 순후한 맛을 지니고 있다. 왕족과 양반이 많이

● 서울 열구자탕

살던 지역이라서 격식이 있고 맵시와 품위를 중히 여기며, 의례적인 것을 중요시하였다. 양념은 곱게 다져서 쓰고, 음식의 양은 적으나 가짓수를 많이 만든다. 북쪽 지방의 음식은 푸짐하고 소박한데 비해 서울음식은 모양이 예쁘고 작게 만들어 멋을 많이 낸다. 조선시대 궁중음식이 반가와의 교류를 통해 전래되고 있다. 너비아니, 갈비찜, 열구자탕, 감동젓무김치, 두텁떡 등이 있다.

(2) 경기도

서해안에서 나는 해산물이 풍부하고, 동쪽의 산간지대에서는 산채가 많이 나며 전반적으로 밭농사와 벼농사가 활발하여 여러 가지 식품이 고루 생산되는 지역이다.

전반적으로 소박하고 양이 많은 편이다. 간은 세지도 약하지도 않아 서울과 비슷한 정도이고 양념도 많이 쓰는 편이 아니다. 농가에서는 범벅이나 풀떼기, 수제비 등을 호박, 강냉이, 밀가루, 팥 등을 섞어서 구수하게 잘 만든다. 주식은 오곡밥과 찰밥을 즐기고 국수는 맑은 장국보다는 제물에 끓인 칼국수나 메밀칼싹두기와 같이 국물이 걸쭉하고 구수한 음식이 많다. 충청도와 황해도 지방에서도 많이 먹는 냉콩국은 이 지방에서도 잘 만든다.

개성은 고려의 수도이면서 상권이 발달한 지역이라 화려하고 맛과 멋이 어우러진 독특한 음식문화가 있었으며, 특히 폐백, 약과, 물경단, 우매기, 보김치 등은 매우 유명하다.

경기도 개성약과 ⬢

(3) 강원도

영서 지방과 영동 지방에서 나는 산물과 산악 지방이나 해안 지방에서 나는 산물이 다르다.

산악이나 고원지대에서는 쌀농사보다는 밭농사가 더 발달하여 감자나 옥수수, 메밀 등의 잡곡이 많이 난다. 산에서 나는 도토리, 상수리, 칡뿌리, 산채들은 옛날에는 구황식물에 속했지만 지금은 일반 음식으로 많이 먹는다. 해안지대에서는 다양한 해산물이 많아 이를 가공한 황태, 건오징어, 건미역, 명란젓, 창란젓이 유명하다. 음식은 푸짐하며 맛이 소박하고 먹음직스럽다. 많이 생산되는 산물인 감자, 옥수수, 메밀을 이용한 음식이 다른 지방보다 발달하였다. 곤드레밥, 오징어순대, 명태식해 등이 유명하다.

(4) 충청남·북도

서해바다에 면한 충남과 소백산맥 자락의 충북으로 나뉘며 지리적 여건이 다양한 지역이다. 충남은 복잡한 해안선으로 인해 넓은 개펄이 있어 조개를 비롯한 다양한 해산물이 나며 내륙 쪽으로 조금만 들어오면 비옥한 농지가 넉넉하여 쌀·보리농사가 잘되고 구릉지가 많아 밭작물도 풍성한 지역이다. 충북은 내륙 산간 지방이므로 좋은 산채와 다양한 버섯이 난다. 음식이 사치스럽지 않고 소박하며, 간을 맞추고 맛을 내는 조미료로 된장을 즐겨 사용한다.

서해안의 개펄에는 굴을 비롯한 조개가 많다. 간월도는 민물이 바닷물과 만나는 곳으로 굴이 유명하며 굴을 따서 바닷물에 바로 씻어서 소금에 절인 후 양념하여 담은 어리굴젓이 유명하다. 굴과 무와 콩나물을 넣고 시원하게 끓인 굴국이나 김치를 넣은 굴김치국, 굴을 넣은 부침개인 굴전과 굴로 지은 굴밥, 호박범벅 등이 유명하다.

▲ 강원도 곤드레밥

○ 충청도 호박범벅

(5) 전라남·북도

다른 지방에 비해 기름진 호남평야의 풍부한 곡식과 각종 해산물, 산채 등의 산물이 많아 음식의 종류가 다양하며, 음식에 대한 정성이 유별나고 사치스러운 편이다. 옛날 전주, 광주, 해남 등의 각 고을마다 부유한 양반가문의 토박이들이 대를 이어 살았으므로 맛좋은 음식을 대대로 전수하여 풍류의 맛이 뛰어난 고장이다. 상차림은 음식의 가짓수가 매우 많다는 특징이 있다. 남해와 서해에 접해 있어 특이한 해산물과 젓갈이 많으며, 기르는 방법이 독특한 콩나물을 이용한 전주콩나물국밥, 전주비빔밥, 순창고추장 등의 특색 있고 고유한 음식맛을 자랑하고 있다.

○ 전주콩나물국밥

◑ 전주비빔밥

🔶 경상남 · 북도 상차림 전체

한국의 식생활문화

(6) 경상남·북도

남해와 동해에 좋은 어장이 있어 해산물이 풍부하고, 남북도를 크게 굽어 흐르는 낙동강 주위의 기름진 농토에서 농산물도 넉넉하게 생산된다. 이곳에서 고기라는 말은 '물고기'를 가리킬 만큼 생선을 많이 먹고, 해산물회를 제일로 친다. 음식은 멋을 내거나 사치스럽지 않고 소담하게 만든다. 바닷고기에 소

🔺 따로국밥

금간을 하여 굽는 것을 즐기고 국을 끓이기도 한다. 국물음식 중에는 국수를 즐기며, 밀가루에 날콩가루를 넣은 것을 제일로 친다. 장국의 국물은 멸치나 조개를 많이 넣어 만들고, 여름에 뜨거운 제물국수를 즐긴다. 음식의 맛은 대체로 간이 세고 맵고 전라도 음식보나 더 매운 편이다. 진주비빔밥, 따로 국밥, 안동식혜, 대구육개장 등이 유명하다.

🔺 진주비빔밥

(7) 제주도

제주도의 음식은 생선, 채소, 해초를 주된 재료로 이용하며, 된장으로 맛을 내고 바닷고기로 국을 끓이고 죽을 쑨다. 육류는 주로 돼지고기와 닭고기를 재료로 쓴다. 제주도 사람의 부지런하고 꾸밈없는 소박한 성품은 음식에도 그대로 드러나 각각의 재료가 가지고 있는 자연의 맛을 그대로 살리는 것이 특징이다. 간은 대체로 짠 편인데 더운 지방이라 쉽게 상하기 때문인 듯하다.

겨울에도 기후가 따뜻하여 배추가 밭에 있어도 얼지 않을 정도여서 김장의 필요성이 덜하다. 또 어촌, 농촌, 산촌의 생활방식이 서로 차이가 있다. 농촌에서는 농업을 중심으로 생활했으며 어촌에서는 해안에서 고기를 잡거나 잠수어업을 주로 했고 산촌에서는 산을 개간하여 농사를 짓거나 한라산에서 버섯, 산나물을 채취하여 생활하였다. 농산물은 쌀보다는 콩, 보리, 조, 메밀, 밭벼 같은 잡곡을 많이 생산한다. 갈치국, 닭엿, 옥돔미역국 등이 유명하다.

(8) 황해도

현재 황해남 · 북도로 나누어지며, 북부 지방의 곡창지대로 알려진 연백평야와 재령평야에서 쌀과 질 좋은 잡곡이 많이 생산된다. 남부 지방의 사람들이 보리밥을 즐기듯이 이 지방에서는 조밥을 많이 먹는다. 곡식의 질이 좋고 생활이 윤택하여 음식의 양이 풍부하고 요리에 기교를 부리지 않아 구수하면서도 소박하다. 송편이나 만두도 큼직하게 빚고 녹두전을 즐겨 먹는다. 밀국수나 만두에는 닭고기를 많이 쓴다. 간은 짜지도 싱겁지도 않은 것이 충청도 음식과 비슷하다.

김치에는 독특한 맛을 내는 고수와 분디라는 향신채소를 쓴다. 미나리과에 속하는 고수는 강한 향이 나는 풀로 중국에서는 향초라고 한다. 서울이나 다른 지방 사람에게는 잘 알려져 있지 않지만 배추김치에는 고수가 좋고 호

◆ 제주도 갈치국

◆ 황해도 녹두전

박김치에는 분디가 제일이라고 한다. 호박김치는 충청도처럼 늙은 호박으로 담가 그대로 먹는 것이 아니라 끓여서 먹는다. 김치는 국물을 넉넉히 부어 맑고 시원하게 만들며, 동치미를 즐겨 담아 국물에 국수나 찬밥을 말아 밤참으로 즐겨 먹는 풍습이 있다.

(9) 평안도

오늘날의 평양을 중심으로 하여 평안남도와 평안북도, 자강도의 일부를 포괄한다. 평안도의 동쪽은 산이 높고 험하나 서쪽은 서해안과 접하고 있어 해산물이 풍부하고 평야가 넓어 곡식도 풍부하다. 이곳은 예로부터 중국과 교류가 많은 지역으로 성품이 진취적이고 대륙적이다. 따라서 음식도 먹음직스럽게 큼직하고 푸짐하게 만든다. 음식이 작고 기교가 많이 들어가는 서울 음식과 극히 대조적이다.

국물음식 가운데에는 냉면과 만두국 같은 메밀가루로 만든 음식이 많다. 겨울에는 매우 추워서 기름진 육류음식을 즐겨 먹으며 콩과 녹두로 만드는 음식도 많다. 음식의 간은 대체로 싱겁고 맵지 않은 편이다. 또한 모양에 신경 쓰지 않고 소담스럽게 많이 담는다.

평양냉면 ▶

(10) 함경도

한반도의 가장 북쪽에 위치하며, 함경남도·북도, 양강도, 자강도, 강원도 일부 지역을 포함한다. 험한 산골이 많고 동해에 면하고 있어 음식문화가 독특하게 발달하였다. 밭작물이 많이 자라며 이남지방의 곡식보다 매우 차지고 맛이 구수하다. 따라서 이 지방에서는 주식으로 기장밥, 조밥 등 잡곡밥을 잘 지어 먹는다. 고구마와 감자도 품질이 좋아 녹말을 가라앉혀서 반죽하여 국수틀에 눌러 먹는 냉면, 특히 비빔냉면이 발달하였다. 음식의 간은 세지 않고 맵지도 않으며 담백한 맛을 즐긴다.

◀ 함경도 회냉면

KOREAN FOOD STYLING

CHAPTER 03

상차림의
기본과 이해

상차림의 기본과 이해

현대사회에는 라이프 스타일의 변화로 인해 음식과 테이블 코디네이션은 새로운 커뮤니케이션의 수단이자 문화 창출의 아이템으로 인식되고 있다. 이와 더불어 디자인이 모든 상품 선택의 중요한 기준인 시대이므로 상차림테이블세팅에 대한 중요성이 자연스럽게 증가되고 있다. 시각적으로 잘 디자인된 상차림은 음식과 장소를 돋보이게 해주며 사람들의 기분을 유쾌하게 해주어 더욱 식사를 풍요롭게 즐길 수 있게 해준다.

푸드 코디네이터에 의해 잘 기획된 식사자리는 사람들 사이의 사회적 관계를 증진시켜주며, 개인과 가정, 커뮤니티와 사회, 민족과 나라 간의 문화적 교류의 장이 되게 하는 우수한 수단이다.

테이블 위에는 여러 요소가 필요하며, 보통 크게 디너웨어, 리넨, 커틀러리, 글라스웨어, 센터피스 및 액세서리의 5가지 요소로 구분한다. 이 구성요소들은 TPOtime, place, occasion에 맞게 디자인이 선택되고 구성되며 미적 가치와 함께 식사자리의 대화를 이어주는 커뮤니케이션의 역할을 한다.

상차림은 한자리에 모여 음식을 공유할 수 있게 만든 것이므로 특별한 날에 가족, 친족 및 공동체 간의 결속과 우애를 돈독하게 해준다.

한식 상차림은 밥과 국, 김치를 기본 음식으로 하고 조선시대 중기 이후부터 여기에 차리는 반찬의 수에 따라서 3첩, 5첩, 7첩 등으로 격식화되었다. 밥상차림은 계층에 관계없이 누구에게나 독상으로 대접하는 것이 기본이었고, 특히 조석 상차림은 반드시 외상차림을 원칙으로 하였다. 전통적 한식 상차림에서 밥상은 사각, 팔각, 원형 등으로 크기를 달리해서 만들었는데 놓을 음식이 많거나 즉석에서 조리해야 하고 반주, 후식을 같이 낼 때에는 한 상에 다 차리지 못해 덧붙여 차리는 작은 상이라는 뜻의 곁상을 더 놓았다. 7첩 이상이 되면 둘 또는 그 이상의 사람이 함께 음식을 먹을 수 있도록 차린 겸상을 놓았고 같이 식사하는 인원수에 따라 겸상, 셋겸상, 넷겸상이라는 큰 상을 썼다. 원반 모양 큰상의 경우에는 많은 가족이 다 같이 둘러앉아 두레반이라고도 하였고, 외상차림을 원칙으로 하는데 집안의 최고 어른인 할아버지, 할머니와 장성하여 결혼한 아들이 혼자 받는 상이며 대를 걸러 할아버지와 손자는 겸상을 하였다.

◀ 밥상차림

소반은 작고 낮은 상으로 혼자 먹을 수 있을 정도의 음식을 올리는 상으로 썼는데, 대가족과 빈번한 식객을 위해 집집마다 소반이 많이 필요했기 때문에 찬방에 가득 쌓여 있었다. 외국에 비해 소반이 발달한 이유는 식당이 따로 없이 온돌방에서 혼자 앉아서 상을 받아야 하는 우리나라 주거생활의 특성 때문이다. 또한 한 사람이 들고 다니기 편한 크기와 무게라는 이유도 반영된 것으로 보인다.

이처럼 온돌을 기본으로 하는 전통적 좌식생활에 맞도록 짧은 다리의 상을 만들어 쓴 것을 보면 상차림과 주거생활은 밀접하다는 것을 알 수 있다.

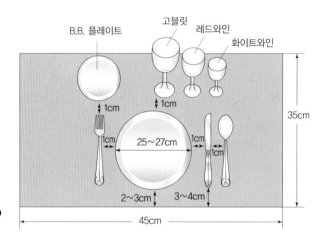

테이블의 개인 영역 ▶

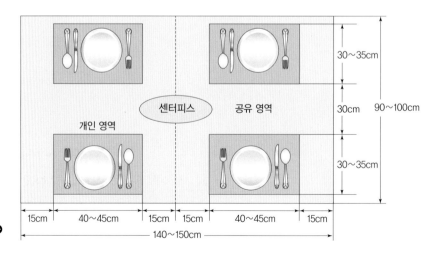

테이블의 톱앵글 ▶

최근에는 주변 국가들, 서양과의 교류를 통해 전통 테이블이 현대 주거생활과의 적합성, 편리성이 떨어지게 되자 생활 형태에 알맞은 다리가 긴 서양식 테이블에 의자를 사용하는 것이 보편화되었다.

전통 한식과 식생활에서부터 현대에 이르기까지 한식이 아름답고 먹음직스럽게 보이게 하기 위해 재질·색·문양·모양 등이 어울리는 그릇에 담아 훌륭한 식기문화를 만들어내었다. 음식이 담긴 그릇을 상이라는 좀 더 확장된 공간으로, 또 상이 위치하는 영역의 식공간食空間으로 범위를 넓혀 가면서 효과적으로 연출하여 식공간 문화까지 만들어 가고 있다.

현재에는 테이블 위에 공간의 대부분을 차지하던 주식과 부식이 담긴 그릇들과 수저의 공간 배치 대신 서양문화와 세팅의 영향으로 인해 앞에서 언급한 테이블 구성요소에 의한 짜임을 가지는 한식 상차림의 적용을 미적으로 우수하게 여기고 있다. 이는 동서양의 교류를 넘어 동서양이 하나가 되는 사회문화적인 반영이라고 볼 수 있다. 이 책에서는 5가지 테이블 구성요소인 디너웨어, 리넨, 커틀러리, 글라스웨어, 센터피스 및 액세서리로 적용하는 기준 대신에 한식 상차림의 특수성을 살려 범주의 구분에서 차별화를 두었다.

① 테이블 높이   약 75cm
② 테이블 넓이의 폭   약 90~100cm
③ 1인분의 가로폭×세로폭   약 45×35cm
④ 공유 영역   약 20~30cm
⑤ 테이블 플라워 높이   약 25cm
⑥ 의자 자리판 높이와 넓이   약 45×45cm

(단위: cm)

🔶 테이블과 의자 등 측면

포멀 세팅(formal setting) ▶

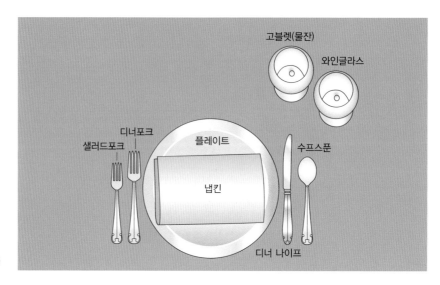

인포멀 세팅(informal setting) ▶

　이렇듯 식탁과 식문화는 생활을 편리하게 하는 도구적 개념을 넘어 그 영향
력이 커지면서 테이블 코디네이션은 주변의 다양한 소재를 발견 및 선택하고
공간과 테이블을 계획하며 연출·조정하여 인간과의 조화로운 관계를 꾀할
수 있는 새로운 커뮤니케이션 공간을 창출하는 작업으로 개념이 정리된다.

1. 테이블웨어

1) 동서양 그릇의 역사

초기의 토기는 식기가 아니라 제기 도자기 위주였다. 고대 미술품이 대부분 무덤이나 제단 유적에서 나온 것이며, 제기로서의 토기는 평범한 일상용품이 아니라 조형적으로 특이한 장식이 있거나 형태가 다양하였다.

우선 서남아시아에서 처음 발생한 것은 '도기陶器'로 800℃에서 구워서 만들었다. 그런데 도기는 중국, 특히 징더전에서 카올리나이트가 포함된 흙kaolin, 고령토으로 빚어 1300℃의 고온으로 구워낸 '자기瓷器'의 아름다움과 단단함에는 못 미쳤다. 그래서 아라비아와 페르시아 상인들은 자기를 비단과 함께 중국의 귀중한 특산품으로 여겨 해로를 통해 자국으로 가져가게 되었다. 국제교역을 통해 14세기부터 이미 청화백자의 안료가 페르시아를 통해 중국에 제공되었으며 그 후 16세기의 스페인, 포르투갈로부터 시작된 대항해시대에는 네덜란드 동인도회사가 중국 청화백자를 대량 수입하여 유럽에서 '시누아즈리chinoiserie'라는 말이 생겨날 정도로 중국 자기가 크게 유행했다. 중국 자기는 중국만의 특산품으로 서양인들에게는 동경의 대상이었다. 따라서 그들은 진귀한 그릇을 '중국 것'이라고 부르기 시작하면서 그릇명이 '차이나china'가 된다.

오늘날 유럽 문화는 어떤 분야든지 그리스 문화를 반영한 것이라고 해도 과언이 아니다. 도자기 분야도 예외가 아니다. 그리스 도기는 산화철을 많이 함유한 도토에 숯을 섞어 빚은 다음 신맛이 강한 와인을 도토에 넣어 반죽한 안료로 문양을 그린다. 그 후 구워내면 그리스 도기 특유의 적회나 흑회 도기가 만들어진다.

세계 도자기 분야에서 커다란 흐름을 중국 자기라고 한다면 페르시아 도기는 또 다른 하나의 중요한 흐름이라고 할 수 있다. 이라크의 메소포타미아와 바빌로니아에서 페르시아 도기가 생겨났다. 페르시아 도기부터 색깔이 있는 유약을 사용하거나 붓으로 문양을 그려 넣는 기법을 적용하였으며 페르시아

문화가 이슬람교의 확산과 함께 동서로 퍼져나가면서 이슬람 도기라고도 불린다. 페르시아 도기의 문양과 기법의 확산 범위가 굉장히 넓어져 자기만을 만들었던 중국 원나라 청화백자나 명나라 채회자기 등도 페르시아 도기의 영향을 받게 되었다.

디너웨어dinnerware는 식사를 할 때 사용되는 모든 그릇류를 총칭하는 말로 식기 또는 차이나china라고도 한다. 서양 디너웨어의 역사에서 살펴보면 개인접시가 등장하기 시작하는 16세기 전에는 빵을 말려서 만든 빵 그릇 위에 고기나 생선 등을 올려놓고 먹었다. 프랑스 앙리 4세 시대에는 식탁이 화려해지고 은제식기가 유행하게 되면서 고기받침으로 쓰였던 빵 도마, 빵 그릇이 차츰 사라지게 되었고, 은을 절약하기 위해 파리와 지방 공장에서 생산되는 도기를 사용하게 되었는데 여기에는 중국에서 수입한 '차이나웨어'로 불리는 고급 백색자기의 영향이 크다고 볼 수 있다. 유럽에서는 이때 이탈리아를 중심으로 파이앙스fayence가 발달하였는데, 이것은 중국 자기의 영향을 받아 모방하였다.

1708년 독일 드레스덴에서는 중국 자기를 모방한 제품이 나름대로 인기가 있었으며, 이를 계기로 프랑스와 영국, 이탈리아 등 유럽에서는 자국 왕실의 후원을 통해 독특한 왕실 자기를 만들어내게 되었다.

(1) 한국 도자기의 역사

구석기시대의 뗀석기, 간석기로 시작되는 도구의 사용은 흙으로 빚어 만든 무문토기로 이어졌으며 신석기, 청동기를 거치면서 빗살무늬나 무문토기 등으로 발전되었는데 이 연질軟質토기는 시대의 흐름에 따라 점점 발달되어 단단한 경질硬質토기로 만들어져 일상 용기로 사용되었다.

9세기 통일신라시대 후기에 중국 청자를 수입하던 나라들 중 유일하게 청자를 자체적으로 생산하게 되는데, 12세기에는 오히려 중국 왕실에서조차 부러워 할 정도의 독특한 색과 형태를 갖게 되며, 고유의 장식기법인 상감기법도 만들어내게 된다. 고려시대 귀족의 미감美感을 담아내던 청자는 조선시대에는 유교를 신봉하는 사대부의 미감을 담아내는 분청으로 바뀌게 된다. 조선시대 중기가 되면 비로소 중국으로부터 정신적 독립을 하게 되는데, 이때부터 문화전반에 걸쳐 고유의 독자적인 미감을 반영하려는 움직임이 생겨나게 된다. 도자기 분야에서 조선 중기 지식층인 선비의 미감을 가장 잘 반영하는 것이 바로 백자이다.

　조선시대의 백자는 호사스러운 장식이나 불필요한 장식을 배제하였으며 가정용 식기뿐만 아니라 의례용 그릇, 선비들의 문방용품 등으로 활발하게 제작되었다. 이러한 장식의 절제 경향은 19세기 후반에 사회의 기반이던 선비계층의 기강이 무너지면서 왜사기倭沙器의 영향을 받아 다시 화려해지기도 하였다.

2) 도자기의 재질

(1) 재질에 따른 특성

일반적으로 도자기陶磁器는 단순히 도기와 자기라고 생각된다. 도기는 도토陶土라는 흙으로, 자기는 자토磁土라는 흙으로 일정한 온도에서 만들어지므로 붙여진 말이다. 인류 문명의 발달과 함께 도자기의 역사는 곧 토기로부터 시작하여 도기로 발전하여 다시 자기로 변천·발전하였다.

　분류에 따라 토기와 도기의 구분을 하지 않고 넓은 의미에서 도기 안에 토기를 포함시키는 경우도 많다. 하지만 이 책에서는 그릇의 역사와 종류를 살펴보기 때문에 도기와 토기를 구분하고 태토의 성분, 굽는 온도, 시유 여부 등으로 구분하여 토기土器, 석기石器, 도기度器, 자기磁器로 나누어 개념의 이해를 도왔다. 태토胎土는 그릇을 만드는 불순물이 적은 흙을 말하는데 불순물은 토기에 많고 자기로 갈수록 거의 없어진다.

　우리가 알고 있는 토기는 넓은 의미의 도기 안에 포함되는 것으로 도기는 규석의 함량이 점토보다 많은 흙으로 만들어 1200℃ 이하로 굽는데, 우리가 흔히 사용하고 있는 좁은 의미의 질그릇과 통한다. 이 도기는 규석이 많아

흙의 입자가 성글고 두께가 자기에 비해 두텁게 성형되며, 강도도 자기에 비해 약하지만 열전도율이 낮아 보온성이 좋다. 이에 반해 자기는 점토성분이 규석보다 더 많은 것으로 얇게 성형할 수 있으면서 1250℃ 이상으로 소성이 가능하며 강도가 높고 열전도율이 높다. 자기를 만들 수 있는 자토 중에 소성 후 백색을 내는 것을 백토라고 하며 자토 중 가장 좋은 품질의 자토에는 고령토가 있다. 세계적으로 유명하고 가장 질 좋은 자토는 중국의 징더전 지역에서 산출된다.

고령토의 주성분인 카올리나이트는 카올린으로 구성되는데, 카올린은 화강암이나 석영반암이 풍화작용을 받아 분해된 흰색의 섬세한 결정이 모인 광물로 $Al_2Si_2O_2(OH)_4$로 표시된다. 순수한 카올리나이트는 1700℃의 고열까지 견디지만 운모, 장석, 석영이 적당히 섞여 있고 일반 카올린 성분이 들어 있는 자기는 1200~1400℃ 사이에서 굽는다.

도토로 만들어지는 도기는 철분을 함유하고 있어 그릇의 색감이 어둡고 두께도 두툼하여 자연스러운 세팅에 잘 어울리며 백색에 두께가 얇은 자기는 우아한 스타일의 세팅이 잘 어울린다.

(2) 재질에 따른 종류

토기 화성암계 점토로 모양을 빚어 가열하면 점토 속 장석계 물질이 녹아

🔺 토기

입자가 결합하면서 토기clayware가 만들어진다. 토기를 만들기 위해서는 약 800℃ 정도의 열이 필요하며 600℃ 이하에서 구울 경우 물이 닿으면 도로 진흙으로 변하므로 토기는 유약을 바르지 않고 600~800℃ 정도에서 소성한 도자기라고 정의할 수 있다.

인류가 자유롭게 불을 사용할

수 있었던 2만 5000년 전 무렵 세계 각지에서는 불과 흙을 통해 토기를 만드는 기법이 동시에 전파되었을 가능성이 크다.

지금도 기후가 고온 건조한 인도 및 서남아시아 등지에서는 토기 항아리를 생활용품으로 대량 사용하고 있는데, 토기의 젖은 바깥 표면으로 새어나오는 물기가 기화열로 마르는 동안 내부의 물이 시원해지는 원리를 이용하고 있다.

석기 중국에서 먼저 발생한 석기石器는 회도灰陶, 와기瓦器라고 불리기도 한다. 독일어로는 슈타인초이크steinzeug, 영어로는 스톤웨어stoneware라고 한다. 석기가 토기와 다른 점은 약 1200℃ 정도의 고온에서 구워지므로 토기보다 단단하고 물이 거의 새지 않는다는 것이다. 따라서 습도가 높거나 추운 지역에서는 물이 새지 않는 단단한 그릇인 석기를 사용한다.

🔺 석기

도기 유색 태토, 즉 도토陶土로 만드는 것을 도기earthenware라고 한다. 흡수성이 있고 투광성이 없으며, 열전도가 느리고 두드리면 둔한 소리를 낸다. 깨진 단면은 태토가 갈색이고 입자가 거칠다. 1200℃ 미만에서 소성한 것으로 주로 모래 등이 섞인 거친 흙을 사용하여 두껍게 만들며, 일반적으로 질그릇이라고 불리기도 한다.

도기에 입힌 유약에는 섬세한 그물눈 모양의 자잘한 금이 가 있어 그 금을 통해 물이 조금씩 샌다.

🔺 도기

마졸리카 ▶

파이앙스 ▶

마졸리카와 파이앙스　이탈리아 등지에서 발달한 도기로, 부드러운 성질의 점토와 유약을 사용하여 쉽게 깨지고 음식의 기름기가 스며드는 등의 그릇으로 쓰기에는 불편한 단점이 있으나 저화도로 소성되기 때문에 화려하고 산뜻한 색감을 낼 수 있어 세팅 시에 특정한 효과를 줄 수 있다.

크림웨어　마졸리카보다는 높은 온도로 소성하여 좀 더 내구성을 갖고 있으며, 소성한 후 노르스름한 색을 내는 흙을 이용하여 크림웨어creamware라고 불린다. 이가 빠져도 눈에 잘 띄지 않으며, 색상 때문에 우아하고 여성스러운 테이블 코디네이션에 잘 어울린다.

본차이나　황소나 가축의 뼈를 태운 재와 생석회질로 된 골회를 흙에 첨가하여 만든 것을 본차이나bone china라고 하고 1260℃ 정도에서 소성한다. 백색도와 보온성이 좋고 탄력성이 있으며 강도가 뛰어난 그릇으로 20세기의 고급 식기를 대표하는 그릇이다.

자기　1300～1400℃의 고온을 견디는 카올리나이트가 포함된 흙고령토이 다량 함유된 자토로 만든 자기porcelain는 아름다움이 뛰어나고 강도는 도기가 미처 따라올 수 없을 정도로 뛰어나며 실용적인 우수한 그릇이다. 자토는 다른 말로 백색 태토라고도 한다. 자기는 유약을 입혀 거의 흡수성이 없고 투광성이 있으며 열전도를 잘하면서 맑은 소리를 낸다. 또한 나이프 자국이 나지를 않아 양식기로 적당하다. 또한 태토가 속까지 녹아 있고 깨진 자리가 칼날처럼 날카롭다. 자기는 사기라고도 하며 청자기, 분청사기, 백자기로 나눈다.

● 청자완

● 청자 대접과 접시

● 백자

° 청자 철분이 약간 섞인 태토에 2~3%의 철분이 함유된 투명유를 발라 환원염에서 구워낸 비취색을 띤 자기이다. 9~10세기에 청자가 발생하고 12세기 전반기에는 고려 청자 중 순청자가 가장 세련되게 변한 시기였다.

° 분청사기 고려시대 말의 청자로부터 변모하여 발전하고 조선왕조의 기반이 닦여진 시기에 발생했으며 세종대왕 시대에 분청사기 기법이 다양하게 발전하여 절정을 이룬다. 16세기 중엽까지 약 200년간 생산되었으며 우리나라 도자기 중에서 가장 순박하고 민예적이다.

° 백자 순도 높은 백토로 그릇을 성형하고 그 위에 어떤 안료와 기법으로 문양을 나타내는지에 따라 무문, 청화문, 상감문, 철화문, 동화문 또는 진사문, 흑유, 철채유, 철사유로 구분할 수 있다. 무문은 순백자이자 문양이 없고 조선시대 전기에 대부분 생산되었으며, 청화문은 코발트계 청색 안료로 그림을 그렸다. 상감문은 음각 문양을 새기고 적토로 메워 백자 유약을 시유하고 고려의 상감기법을 이어받은 것이다. 철화문은 백자에 철회구로 문양을 시문한 것이고, 동화문 또는 진사문은 산화동이나 진사로 시문하여 백자유를 시유한 후 번조하면 환원상태 아래에서 산화동이 환원되어 붉어진다. 흑유

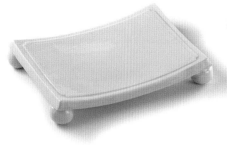

백자 ⬟

는 유약 내 철분이 많이 함유되어 번조한 후 표면의 색이 흑갈색이 된다. 철채유는 철회유를 입히고 그 위에 백자 유약을 시유하여 표면에 광택이 있으며 암갈색, 쇠녹색이 된다. 철사유의 유약은 주성분이 철분이며 장석 등의 유리질이 미량 포함되어 광택이 은은해진다.

●**사기** 조선시대의 가장 대표적 그릇의 한 종류로 백토를 원료로 하며 돌과 같이 굳고 흡수성이 없어 식기로 흔히 사용되었다. 사기그릇을 상사기常沙器, 막사기라고도 한다. 대부분 질이 좋지 못하며 대량으로 구워냈다.

사기 ▶

* **주물제작법**
쇳물을 녹여 그릇의 형태를 만든 틀에다 부어 넣은 다음 광을 내어 쉽게 놋그릇을 완성할 수 있다. 개성과 안성의 주물유기가 유명하다.

* **방짜제작법**
쇳물을 녹여 바대기라고 불리는 바둑알처럼 생긴 둥글납작한 쇳덩이를 만들어 불에 달궈가며 두들겨 그릇의 형태를 만든다. 이런 기법의 놋그릇은 휘거나 잘 깨지지 않고 변색이 잘 되지 않으며 쓸수록 윤기가 나는 장점이 있다.

◀ 유기

유기　놋쇠, 황동구리합금으로 만든 것으로 놋그릇 또는 유기라고 한다. 우리나라에서 전통적 의미의 놋쇠는 동 1근600g에 상납 4냥 반약 168.7g을 배합한 것이며 유칠이라고도 불린다. 12세기 고려시대에 각종 유기를 만들기 시작했으며 이때부터 궁중과 반가에서 놋그릇을 쓰게 된다.

　조선시대까지 아주 폭넓게 쓰이던 생활필수품으로 중부 지방에서는 안성 지방을 중심으로 반상기飯床器와 제기祭器 등의 작은 식기류를 주로 만들어 썼다. 특히 놋그릇의 본산지였던 납청평북 정주의 양대방짜의 북한말유기점은 놋점, 주물유기점은 퉁점이라고 구분하여 불렀으며 방짜유기는 놋점에서도 사기가 쉽지 않을 만큼 귀하고 매우 비쌌다. 양반층들은 금은기와 금은도기를 사용하였고 서민들은 놋그릇을 애용하였다.

옹기　전통 도자기 중 일상생활 용기로 최근까지 사용되는 옹기는 검붉은 유

◀ 옹기

◑ 발우

약을 입혀 굽는 시유도기施釉陶器이다. 특히 붉게 반짝이는 유약이 입힌 질그릇인 독을 지칭한다. 독은 발효음식을 즐기는 우리 민족의 저장용기로 사용되었다.

기타　칠기 또는 옻칠을 한 그릇옻칠목기는 방부성과 방습성이 뛰어나다. 은기는 무독무취의 무공해 금속으로 독의 유무를 가리기 위하여 많이 사용되었으며, 광택이 고급스럽고 아름답다.

3) 한식기의 종류

(1) 전통 한식기

우리나라는 역사적으로 고대부터 북방문화의 영향을 받았으며 남쪽으로 삼면이 모두 바다이기 때문에 해양문화의 영향을 고루 받았다.

삼국시대의 불교 전파 이후에는 한동안 육류 식품을 멀리 하면서 식물성 식품을 보다 맛있게 먹기 위해 연구를 하였고 추운 겨울을 이겨내기 위한 저장 식품이 발달하였으며 부처나 귀한 사람에 대한 존경을 표현하기 위해 음식을 괴어서 차려놓는 고배음식이 발달하였다. 몽골족 또는 원나라의 침략에 의한 영향으로 육식 식습관이 부활하게 되었다.

유교적 가치관의 영향 아래 대가족이 생활하는 환경에서 어른을 공경하는 식사예절과 함께 의례식이 중요시 되어 관혼상제와 빈객賓客을 위한 가양주家釀酒, 떡과 전통과자, 음청류, 술안주 및 기타 음식을 만드는 솜씨가 숙련되었고 함께 의례 상차림도 발달되었다. 19세기 조선 중기 이후 많은 외래 식품의 전래와 서양음식의 유입 등은 약식동원藥食同源이 담긴 우리 전통음식문화를 변화시키는 계기가 되었다.

조선시대까지 여전히 귀하게 여긴 쌀밥과 영양적으로 매우 합리적인 잡곡밥으로 구성되는 주식으로서의 밥 문화는 주발, 사발이라는 식기구의 발달을 이루고, 습성濕性 음식을 선호하는 민족성은 국 대접과 조치보시기, 뚝배기, 전골틀 등의 다양한 식기구를 발달시켰다.

일상 상차림은 매일 먹게 되는 밥, 죽, 국수 등을 주식으로 하는 상과 특별한 날에 손님을 대접하는 상이 있다. 주식에 따라 분류하면 밥상, 죽상, 면상이 있으며 손님을 대접하는 특성에 따라 교자상, 주안상, 다과상 등이 있다.

한식은 동물성 기름을 피하고 식물성 기름을 많이 사용하여 조리하기 때문에 음식의 변화가 적어 전개형 배선식이 가능하다. 그래서 한식 상차림은 음식을 모두 한 상에 차려내는 것이 특징이다. 음식이 놓이는 위치가 정해져 있으므로 차림에도 질서가 있으며, 독상 차림을 기본으로 한다. 상은 원형, 사각, 팔각 등을 사용하였고 상물림을 하는 전통이 있어 상에 음식이 수북하게 차려졌으며 찬은 가짓수에 따라 3첩, 5첩, 7첩, 9첩, 12첩 등으로 밥상의 형식을 구분하였다.

아침상에 가장 정성을 들였기에 생일이나 손님 접대 시에는 조반을 들게 하는 것이 상례였다. 궁중의 일상식은 고급문화의 표본으로 반가로 전승되어 서민 상차림까지 영향을 미쳤다.

일상의 밥상차림에 쓰이는 그릇은 반상기라고 하고 여름철과 겨울철에는 원래 식기를 구별하여 썼는데, 여름에는 도자기, 사기 반상기를 쓰고 겨울에는 유기 반상기나 은 반상기를 썼다. 반상기는 밥주발, 탕기, 조치보, 김치보, 종지, 쟁첩, 대접 등으로 이루어져 있고, 일반적인 주발의 형태와 바리, 합의 모양을 따서 한 벌을 모두 같은 형태와 문양으로 맞췄다. 반상기에는 모두 뚜껑이 있는데, 남성이 쓰는 것에는 꼭지가 없고 여성이 쓰는 것에는 꼭지가 있었다. 남성용 밥그릇은 '주발'이라 하며 여성용 밥그릇은 '바리'라고 한다. 꼭지가 달린 것은 '봉바리'라고도 한다. 합의 크기는 다양하여 작은 것은 어린 아이용, 중간 것은 노인용 밥그릇으로 사용하였다. 또한 크기에 따라 장국, 떡국, 약식 등을 담는 그릇으로도 사용할 수 있다.

기명에 따른 전통 한식기

◎ 주발과 탕기

◎ 바리와 탕기

°주발 남성용 밥그릇으로 직선적인 몸체에 밑 부분이 약간 좁아진다. 고려시대부터 사용하였고 뚜껑이 있다. 조선시대에는 안성에서 만든 주발이 작고 아담하며, 견고하고 은은한 광채에 재질이 좋아 유명하였다. 사기 주발은 특별히 사발이라고 한다.

°바리 여성용 밥그릇으로 '발이'에서 변형된 말이다. 형태는 입구보다 가운데와 바닥부분이 둥근 곡선형이며 뚜껑이 있다. 뚜껑에 꼭지가 달린 것을 봉바리라고 한다.

°탕기 국을 담는 그릇으로 주발과 같은 모양이다.

°사발 사기로 만든 밥그릇이나 국 등을 담는 용도로 이용되며 위가 넓고 굽이 있는 모양이다. '갱끼'라고도 말하며 평안도에서는 '갱싸발'이라고도 한다.

°밥탕기 보통 부녀자의 밥사발로 사용되었으며 사발 형태로 입구가 안쪽으로 오므린 모양으로 '바탱이'라고 한다.

°공기 식생활 변화로 곡류 섭취량이 적어지자 주발보다 공기를 사용하게 된다. 공기의 크기는 손 안에 들어 갈 수 있는 볼_{bowl}의 형태이다.

°보궤 오곡밥 등을 담을 때 사용하는 그릇으로 대부분이 도자기 제품이다.

°복찌개 주발의 뚜껑을 의미한다. 제주도에서는 '가지깽이'라고 부른다.

°조반기 조선시대 상류층에서 아침식사 전에 잣죽 같은 간단한 음식을 담아낼 때 사용하는 그릇을 조반기朝飯器라고 하고 '자릿조반'이라고도 한다. 놋쇠로 만든 것이 많다.

°반병두리 합과 비슷한 모양이나, 뚜껑이 없고 입구쪽口徑이 약간 퍼져 있는 놋그릇이다. 배 부분의 모양이 둥글고 바닥은 편평하다. 주로 국수장국, 떡국, 비빔밥을 담는 용도로 사용된다.

°합盒 속이 깊고 편평하며 위로 갈수록 직선으로 차츰 좁혀지고 뚜껑의 위가 편평한 모양이다. 유기나 은기가 많으며 국수장국, 떡국, 밥, 약식 등을 담는 그릇이다. 작은 합은 밥그릇으로 쓰고 큰 합은 떡, 약식, 면, 찜 등을 담는다. 큰 합과 작은 합이 겹쳐있는 합을 모자합母子盒이라고 한다.

°옴파리 사기로 만든 입이 작고 오목한 바리이다.

°조치보 찌개를 담는 그릇으로 주발과 모양이 같으며 탕기보다 크기가 한 치수가 작다.

| 주발 | 바리 | 탕기 | 대접 | 보시기 |

| 쟁첩 | 종지 | 합 | 조반기 | 반병두리 | 접시 |

| 옴파리 | 밥소라 | 쟁반 | 양푼 |

◀ 전통 한식기의 기본 형태

° 보시기 김치를 담는 그릇으로 쟁첩보다 약간 크고 조치보다는 운두가 낮다.

° 쟁첩 전, 구이, 나물, 장아찌 등의 찬을 담는 그릇으로 작고 납작하며 뚜껑이 있다. 반상기의 그릇 중 가장 많고 밥상의 첩수에 따라 쟁첩 수가 정해진다.

° 종지 장류와 꿀을 담는 그릇으로 주발과 모양이 같고 크기가 가장 작다.

° 밥소라 커다란 유기그릇으로 위가 벌어지고 굽이 있으며 둘레에 전_{위쪽 가장자리의 약간 넓게 된 부분}이 달려 있다.

° 쟁반 운두가 낮고 둥근 모양으로 다른 그릇이나 주전자, 술병, 찻잔 등을 담아 놓거나 나르는 데 쓰이며 사기, 유기, 목기 등으로 만든다.

(2) 현대 한식기

현대의 한식기는 전통 식기에 원형을 두고 한식의 변천과 유행에 따라 크기와 형태가 변하고 용도 등에 따라 디자인이 변화되었다.

전통 한식 테이블 매너에서는 무례하게 여겨지던 식기를 겹쳐 놓거나 식기를 들고 식사를 하는 것도 현대에서는 테이블 세팅의 아름다움을 높이기 위해 시행하고 있다.

한식기를 1가지 소재나 같은 색의 세트로 구성하지 않고, 서양 식기와 어울려 쓴다거나 청자, 백자, 분청, 청화백자, 유기, 유리, 칠기, 석판 등 여러 가지 재질을 함께 쓰기도 하며, 신소재 한식기의 개발과 새로운 유약에 대한 도전도 지속되면서 질감과 색감, 형태가 변하고 있다.

기본 테이블 세팅법

° 언더클로스_{under cloth} 글라스, 커틀러리 같은 식기를 놓을 때의 느낌을 좋게 해 준다.

° 테이블클로스_{table cloth} 포멀한 스타일은 50cm 정도, 가정에서는 15~25cm 정도 내려오도록 한다. 최근의 경향은 식탁의 재질을 살리기 위해 사용하지 않는 경우도 많다.

◆ 현대의 한식기 테이블 세팅 전체

🔺 현대의 한식기 테이블 세팅 세부

●프레젠테이션 접시 presentation dish, main dish   이 접시는 앉는 사람의 위치를 잡아주는 접시로 마지막까지 남아 있는 접시이며 음식을 담는 것이 아닌 음식접시가 올려지거나 냅킨을 놓는다. 최근에는 디너 접시가 프레젠테이션 접시의 대용으로 가정에서 사용되고 있다. 디너 접시는 손가락 2개 정도의 넓이로 놓고 옆 사람과의 간격은 65~70cm 정도 떨어져 세팅한다.

●센터피스center piece 꽃의 사이즈는 최대 테이블 길이의 1/3을 넘지 않으며 높이는 의자에 앉았을 때 시야를 가리지 않는 범위에서 장식한다.

●커틀러리cutlery 테이블 끝에서 손가락 3개 정도의 간격을 두고 요리 순서대로 세팅한다.

●글라스glass 런치타임에는 물잔만 원하는 사람이 늘면서 글라스도 심플한 것이 많고 3종류, 4종류의 글라스를 놓는 것은 점차 줄고 있다. 디너인 경우에도 물잔, 화이트와인과 레드와인 겸용의 와인글라스, 샴페인글라스만을 놓는다. 최근의 경향은 고블릿의 수요가 늘고 있고 와인글라스도 심플한 형태를 선호한다.

●냅킨napkin 냅킨을 놓는 곳은 프레젠테이션 접시 위 또는 왼쪽 옆에 놓는 것이 일반적이나 전체 밸런스에 맞게 놓는 것이 가장 좋다. 냅킨은 테이블클로스와 같은 소재의 것을 사용하는 것이 일반적이다. 종이 냅킨도 많이 보급되었는데 천 냅킨으로 입 주위를 닦는 것을 꺼리는 사람을 위해 천 냅킨은 무릎용으로, 종이 냅킨은 입을 닦는 용으로 2개를 같이 접어 세팅하는 것도 좋다.

●양초candle 초는 분위기를 고조시키는데 매우 효과적이나 4명 당 2개 정도가 적당하다. 최근에는 향초가 많이 나오는데 음식냄새와 섞여 음식을 즐길 때 방해가 될 수 있으므로 향이 없는 초를 사용하는 것이 좋다. 또한 초를 끌 때에는 촛농이 떨어져 테이블클로스를 더럽힐 수 있으므로 조심하여야 한다.

●네임카드 같은 액세서리 메뉴는 왼쪽 옆 또는 왼쪽 위에 놓고 네임카드는 글라스 앞에 치우치지 않게 놓는 것이 보기에 좋다.

4) 수저의 특성

(1) 한국 수저의 역사

수저匙箸, cutlery, flatware, silverware는 식사 시 밥과 반찬을 먹기 위해 사용하는 용구로 숟가락과 젓가락을 한 벌이라고 한다. 우리나라에서 가장 오래된 숟가락은 청동기시대의 유적인 나진초도패총에서 출토된 골제품骨製品이다. 중국에서는 기원전 10~6세기경에 처음 기록이 나오고 일본에서는 기원전 3세기경의 유

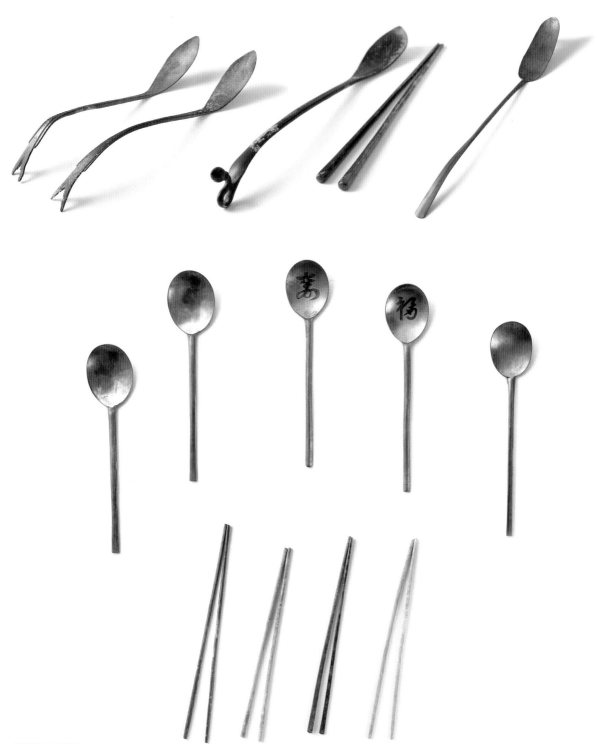

한국의 고수저 ▶

상차림의 기본과 이해

적지에서 출토되었다. 젓가락은 우리나라에서는 공주 무령왕릉에서 출토되었고 중국에서도 춘추전국시대에 비로소 기록이 나오므로 숟가락에 비해 늦게 발달된 것으로 추측된다.

우리나라 수저의 역사는 1기_{선사~삼국시대}, 2기_{통일신라시대}, 3기_{통일신라~고려 초기}, 4기_{고려 중기}, 5기_{고려 중기~조선 전기}, 6기_{조선 후기}, 7기_{최근세}로 나눌 수 있다.

지금의 숟가락은 숟가락 면_{술잎} 길이 6cm, 너비 4cm, 전체 길이 23cm 안팎이지만 청동기에서부터 삼국시대까지의 숟가락의 크기는 지금보다는 매우 컸다. 기원전 6~7세기 북한의 나진에서 출토된 숟가락은 숟가락 면 길이 11cm, 너비 5.7cm, 전체 길이 28cm였으며, 젓가락의 사용은 적었다.

삼국시대에 사용한 고대 숟가락은 숟가락, 주걱, 국자의 기능이 분화되지 않았다. 그래서 커다란 숟가락으로 국물도 뜨고 밥도 푼 것으로 짐작된다.

고려시대에는 젓가락의 대중화가 어느 정도 이루어졌다고 추측할 수 있으나 숟가락과 쌍으로 발견되지 않은 것으로 미루어 보아 밥상에서 위계가 낮았던 것으로 짐작된다. 고려시대 초기에는 숟가락의 자루가 크게 휘어졌고 중기에는 숟가락의 자루 끝이 제비꼬리의 형태로 변했다.

조선시대 초기에는 숟가락 자루의 제비꼬리가 없어졌고 자루의 휘어짐이 덜해졌다. 중기 이후에는 자루가 길고 두꺼워지며 곧고 숟가락 면은 둥글어졌다. 젓가락은 한쪽이 점차 가늘어져서 오늘날의 형태를 이루게 되었다. 수저의 윗부분에는 장식으로 뜻이 길한 글자나 꽃을 칠보로 입히는 경우도 많았다.

숟가락 면의 양식은 둥근 원형에서 사각에 가까운 원형으로 바뀌고 그것이 뾰족한 원형으로 달라졌으며 또 뾰족한 타원형이 되었다가 타원형 직선으로 변했다. 지금은 숟가락과 젓가락이 비슷한 수준으로 함께 사용되지만 조선시대 후기에도 젓가락은 현재보다 매우 적게 사용되었다.

서양 커틀러리의 경우에는 오래 전부터 개인용이었던 나이프에 비해 스푼은 처음에는 뜨거운 수프 등을 먹을 때 공용하는 식도구였으나 13세기부터 식탁 위에서 스푼이 개인용으로 사용되었다. 중세에는 2개의 나이프를 사용

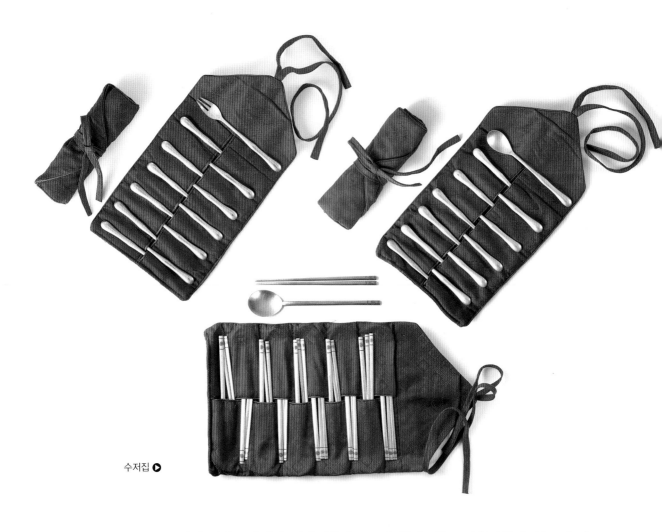

수저집 ▶

하여 식사를 하다가 16세기부터 포크가 식사도구로 사용되었다. 포크가 점점 대중화되면서 형태가 개선되었는데 초기에는 2개의 기다란 일직선 갈퀴 모양에서 지금과 같은 네 갈래의 짧은 모양으로 변화되었다.

17세기 중반까지도 연회에 초대된 사람은 각자 자신의 나이프와 스푼을 지참했다. 루이 14세 시대에 빈번했던 폭력사태로 인해 끝이 뾰족한 나이프의 사용을 금지시켰으며, 코스마다 깨끗한 냅킨을 준비해야 했던 관습도 포크를 사용하면서 사라졌다.

18세기 중엽 이후에는 신분 구분을 위해 포크의 사용을 장려했으며, 커틀러리 뒷면에는 가문의 문장을 넣어서 정리할 때 문장이 보이도록 뒤집어 놓는 프랑스 고유 스타일이 생겨나게 되었다.

(2) 커틀러리의 관리

커틀러리는 크게 은제품과 스테인리스로 나눈다. 은은 뛰어난 열전도성과 내구성이 있으나 평상시에는 관리하기가 까다로운 편이다. 은은 염분과 산성에 의하여 변색되기 쉽고 약품으로 손질을 해야 하는 결함이 있으나, 항상 사용하면 오히려 변색이 더디게 진행된다.

순은은 뜨거운 물에서 헹구는 것이 좋으며 표백제가 없는 세제가 좋다. 은과 스테인리스 스틸은 전기분해작용의 위험성이 있으므로 함께 세척하지 않는다. 합성세제를 지나치게 많이 사용하거나 음식물이 묻은 채로 오랜 시간을 방치하게 되면 제품의 질을 손상시킬 수 있으므로 빠른 세척과 습기 제거가 가장 좋은 관리방법이며 너무 거친 행주는 사용하지 않는다.

은제품의 변식은 더운 공기, 먼지, 햇빛에 의해 일어나므로 이를 멀리하는 것이 좋다. 은제품은 갈변방지 처리가 된 보관함에 넣어두는 것이 좋으며, 플라스틱이나 신문지로 은을 포장해서는 안 된다.

5) 글라스웨어의 특성

(1) 글라스웨어의 역사

고대 로마의 플리니우스가 쓴 〈박물지〉에 유리의 발명자는 페니키아의 상인으로 기술되어 있지만 약 6000년 전 유물에서 유리로 만들어진 구슬이 발견되었으므로 유리glassware의 기원은 보다 오래되었을 것으로 추정된다.

유리는 규토와 산화칼슘, 소다, 마그네슘을 혼합한 후 1500℃로 녹여서 만든다. 유리를 녹이는 데 사용되었던 대부분의 초기 용광로는 적절한 열기 유지가 어렵기 때문에 유리는 소수의 사람들만 이용하던 사치품이었다. 이러한 상황은 기원전 1세기 취관입으로 불어서 만드는 방법이 발명된 후 유리의 생산이 로

마제국 전역에 널리 확산되자 유리는 더 이상 사치품이 아니라 식탁에서부터 사용되기 시작했다. 이 시기 유리를 로마글라스Roman glass라고 불렀고 4세기 말 로마제국의 분열 이후에는 쇠퇴하였다.

이후 이슬람의 글라스 양식에 영향을 주었고 베네치아는 15세기 로마기법을 부활시켜 고급 유리제품을 수출하여 특히 번창하였다. 베네치아에서 '크리스털로'라고 알려진 소다석회 유리가 개발되면서 베네치아의 유리제품은 세계에서 가장 정교하고 우아하다고 알려지게 되었다.

산업혁명 이후 유리의 생산방식은 대량생산으로 바뀌게 되었는데 19세기 미국에서 출시된 프레스글라스가 규격화된 대량생산품의 예이다.

우리나라에 남아 있는 유리에 대한 역사적인 흔적을 살펴보면 선사시대 유적 발굴에서 나온 유리구슬이 십만여 개에 이르고, 유리 가마까지 발견되었다. 신라시대의 황남대총, 천마총, 서봉총, 금령총, 금관총 등 커다란 규모의 고분에서 유리잔도 발견되었으며 대부분 국립경주박물관에 소장되어 있다. 또한 당시 당나라와 밀접하게 교류했던 국제국가 신라의 왕릉지역에서 출토된 유리목걸이 안의 그림을 통해 이 유리의 산지가 로마Roman glass인 것으로 추정하였다. 또 1981년 경주 근교에서 신라시대의 유리 가마가 세상에 모습을 드러냈다. 가마 속에 녹아 붙은 유리덩이를 분석한 결과, 신라인들이 유리를 만들었다는 사실이 확인되었다. 동양적 형태의 유리제품이 출현한 것은 통일신라시대의 불교문화의 도입 이후부터이다. 유리유물과 금속의 조화를 이룬 독창성이 있는 유리사리병을 통해서 한국 고유 유리공예 역사의 단면을 확인해 볼 수도 있다.

이후 고려시대, 조선시대의 유리 제작 상태에 대한 기록은 없으며, 조선시대의 비녀, 족두리, 노리개 등 복식에 쓰이는 소형 유리제품만이 발견되었고 고려와 조선시대의 고려청자, 조선백자 등의 도자기에 밀려 식기로서의 유리제품은 쇠퇴하였다고 추측된다. 대신 우리나라에서도 마상배를 통해 글라스웨어의 형태적인 특징을 찾아볼 수 있다. 중국에서 유래가 된 술잔으로 말 위에서 마셨다는 글자 그대로 마상배馬上盃라고 부르며, 삼국시대 때부터 만들어졌다. 형태는 2가지로 손잡이로 사용되는 굽이 달린 것과 팽이처럼 아래쪽이 뾰족해서 세울 수 없는 것이 있다. 굽이 달린 것은 주로 제례용으로도 사용되었으며 일반 술잔보다 아름다움이 돋보인다.

○ 술잔(마상배의 한 형태)

음식과 와인이 조화를 이루는 서양 식문화와 달리 한국의 전통식문화에서는 밥상, 다과상, 주안상 등의 구분이 확실하여 주안상 외에는 식사와 주류를 같이 놓지 않았다.

그러나 시대와 사회가 바뀌어가면서 문화교류의 흐름이 빨라지고 서양 식문화의 영향을 받으면서 그 구분이 모호해져 식사 시에 주류를 내놓기도 하고 한식과 와인을 겸하여 세팅하는 사례가 점차 늘고 있다. 이는 단순히 서양 식문화의 영향에 의한 것으로 파악되는 것보다는 경제 발전과 소득수준의 향상에 따른 식문화 향유에 대한 욕구의 상승이나 충족의 패러다임이 변한 것으로 보아야 할 것이다.

(2) 글라스웨어의 형태

글라스는 형태에 따라 스템웨어stem ware와 텀블러tumbler로 나눌 수 있다. 스템웨어로는 물, 와인, 샴페인, 코냑 등을 마시며 텀블러로는 칵테일이나 음료수를 마신다.

스템웨어 글라스는 볼과 스템, 베이스로 이루어진 것으로 볼에 담긴 내용물이 온도에 영향을 받지 않도록 디자인된 것이다. 글라스의 입구가 안쪽으로 더 오므라져 있어 레드와인의 향기가 밖으로 나가지 못하도록 한 것으로 강한 향기와 색을 통한 시각적 검증을 끌어내기에 효과적으로 고안된 형태이다.

화이트와인 글라스는 차가운 상태로 와인을 즐길 수 있도록 작은 용량의 글라스를 사용하며 레드와인은 15~20℃, 화이트와인은 10~15℃가 맛을 내기에 적당하다.

이밖에도 식탁용 유리제품으로는 디캔터decanter, 피처pitcher 등이 있다.

워터 고블릿   워터 텀블러   주스 글라스   올드패션 글라스   하이볼 글라스   위스키 글라스
(위스키 + 물)   (위스키 + 탄산)   (위스키 전용)

레드와인 글라스   화이트와인
글라스   튤립형 와인
글라스   볼형 와인
글라스   도이치 화이트
와인 글라스   소서형 샴페인
글라스

플루티드형
샴페인 글라스   셰리 글라스   블렌드 글라스   리큐르 글라스   마티니 글라스   펀치 글라스

아이스티 글라스   비어 글라스   비어 머그   아이스크림
파르페 글라스   아이리스
커피 글라스

🔺 서양 글라스의 분류

(3) 글라스웨어의 관리

글라스웨어는 세팅할 때나 치울 때 제일 마지막으로 취급하는 주의를 요하는 품목이다. 와인 등은 증발하면서 잔에 둥근 테두리 자국을 남기므로 사용 후 곧바로 닦아야 맑고 투명한 상태를 유지할 수 있다.

세척 시 다른 식기류와 섞이지 않도록 주의하며 40℃ 정도의 미지근한 물에 중성세제를 조금 넣고 스펀지로 가볍게 문질러 씻는다. 또는 세제로 닦지 않는 것을 권장하기도 한다. 브러시 등에 식초 또는 레몬과 소금을 혼합한 것을 묻혀서 문지르면 효과적으로 세척할 수 있다. 먼지 없는 깨끗한 행주를 이용하여 잔을 닦아 말리며 닦을 때에는 볼을 잡고 닦는다.

오랜만에 사용할 경우 세팅 전에 미지근한 물로 한번 씻어서 행주로 닦으면 광택이 난다. 글라스웨어의 보관은 덮개로 덮어두거나 기름기가 많이 튈 수 있는 부엌에서 멀리 떨어져서 보관하는 것이 좋다. 크리스털 유리는 차갑게 하고 건조시킨 후 보관하여야 맑고 투명한 상태로 보관할 수 있다.

2. 테이블 리넨

1) 테이블 리넨의 역사

테이블 리넨table linen은 테이블 세팅에 필요한 패브릭fabric의 총칭이다. 리넨의 의미는 마직류를 의미하는데 현재는 테이블 패브릭 아이템을 모두 가리키고 있다.

고대 로마인들이 의자에 비스듬히 기댄 채로 식사를 할 때 사용하던 냅킨, 수건, 시트 등을 가리키던 말로 고사프Gausape가 있었는데, 이것은 15세기의 보드클로스로 발전하였고, 16세기에는 제단을 장식하거나 귀족들의 부를 상징하는 실크테이블클로스 등으로 발전하게 된다.

중세 초기에는 냅킨의 사용이 줄고 빵, 옷, 손등으로 입가를 닦았다. 이후 다시 등장한 냅킨은 지위를 상징하거나 장식적 역할을 하게 된다.

16세기 이후 항해술의 발달로 인해 동양으로부터 건너온 진귀한 물품 중 다마스크 직물 등이 상류층의 욕구를 채워주는 고급 테이블클로스로 역할을 하고 17세기 이후 일반 가정에서는 40개 이하로 제한하는 등의 규정이 있을 정도로 테이블클로스가 재산으로 소장되었다.

테이블클로스는 음식이 코스로 차려질 때마다 새롭게 깔리기도 하였는데, 19세기 러시아식 서비스가 보급되면서 단지 하나의 테이블클로스만 사용하게 되었다.

현대 기본 테이블 세팅에서는 흰색 리넨 종류를 대부분 사용하나 테이블 세팅에서 많은 면적을 차지하는 리넨의 색감과 무늬에 따라 다양한 이미지의 연출이 가능하기 때문에 점차 리넨의 각종 색채와 재질을 이용하여 다양한 목적과 분위기에 맞는 연출을 하고 그릇과 함께 중요한 테이블 세팅의 요소로 사용되고 있다.

2) 올바른 테이블 리넨 연출법

테이블클로스는 그릇과 함께 시각적 효과를 가장 크게 줄 수 있는 테이블 세팅의 구성요소로 볼 수 있다. 색상과 패턴, 질감의 선택에 의해 다양한 이미지로 표현될 수 있으며, 특히 그릇과의 색상 매치, 질감 매치 등이 선택의 중점이 된다. 격식 있는 식사의 경우 화이트 리넨 위주로 쓰거나 냅킨 색을 테이블클로스와 맞춘다.

명도와 채도가 낮은 색은 차분하고 안정감 있는 느낌과 함께 세련된 현대미도 줄 수 있다. 반대로 명도와 채도가 높은 경우는 밝고 경쾌한 느낌을 줄 수 있다.

질감의 경우도 부드러운 질감은 고급스럽고 우아한 느낌을, 거칠거나 큰 짜임의 질감은 내추럴한 세팅에 더 어울린다.

또 테이블클로스의 늘어뜨려진 부분이 너무 짧으면 빈약하게 보이고 너무 길어도 테이블 위가 작아 보이거나 사용하기 불편할 수 있다. 캐주얼한 세팅에서 포멀한 세팅으로 갈수록 25cm 전후에서 시작하여 45cm까지 내릴 수 있으나 보통 30~40cm 정도 길이로 늘어뜨리는 것이 좋다.

3) 테이블 리넨의 종류

(1) 테이블클로스

전통 한식 상차림에서는 테이블클로스의 사용이 드물었으며 다만 궁중 연회 시에 비단이 깔리기도 하였다. 전통 주거 형태에서는 독립된 식사공간이 없어 한 사람이 나를 수 있을 정도의 독상으로 차린 칠기 소반테이블을 부엌에서 사랑채나 안채로 가져갔으며 식기를 받치고 옮기는 쟁반의 기능과 함께 방 안에서는 상의 용도로 쓰였다. 형태의 예술성이 돋보이므로 구태여 테이블 보를 깔지 않았을 것으로 추측이 된다.

⚬언더 테이블클로스 테이블클로스의 아래에 먼저 놓는 것으로 언더 테이블클로스를 쓰는 목적은 첫째, 기물을 테이블에 놓을 때 발생할 수 있는 소음의 방지, 감촉의 부드러움을 위해서이며 둘째, 메인 테이블클로스의 미끄럼을 방지하려는 목적을 가지고 있다. 플란넬, 펠트, 목면, 울 등의 두툼한 천을 테이블 사이즈보다 10cm 크게, 메인 테이블클로스보다 작게 제작한다.

⚬톱 테이블클로스 메인 테이블클로스보다 작은 사이즈인 톱 테이블클로스는 메인 테이블클로스 위에 놓는다. 장식의 효과가 있으며 메인 테이블클로스의 오염을 방지하기 위해 기능적, 선택적으로 사용될 수 있다.

 기본적으로 클로스의 올이 곱고 광택이 나는 것은 백자, 청자와 조화롭고, 질감이 거칠고 반 광택인 것은 분청과, 올이 성글고 거칠며 무광택인 것은 옹기 등과 어울린다.

◀ 테이블클로스

러너 ▶

(2) 러너

러너table runner는 테이블 중앙에 길게 깔아 늘어뜨리는 천을 말하며 폭과 길이가 비교적 자유롭다. 식탁 너비의 1/3 정도의 폭이 적당하며, 양쪽으로 35~40cm 정도 늘어뜨린다. 식탁의 가운데를 강조하는 데에 효과적이다.

(3) 냅킨

대부분의 냅킨napkin은 정사각형이며 포멀한 세팅에서는 50×50cm, 가정용 런치 캐주얼 세팅에서는 가로 세로 40~45cm, 티 세팅에서는 30×30cm, 칵테일 세팅에서는 20×20cm로 사용한다. 다양한 모양을 응용하여 예쁘게 접으면 장식적 효과를 기대할 수 있지만 격식 있는 자리의 테이블에는 냅킨 접기를 잘 하지 않는다.

 궁중에서 왕이 사용하던 휘건揮巾이 한식 냅킨의 시작이다. 한식의 냅킨도 서양과 같은 용도였으며, 현대에는 냅킨 직물의 질감, 색, 패턴과 테이블 스타일링을 돋보이게 하는 용도로 냅킨 접기를 많이 한다. 그러나 한국적 단아한 느낌을 연출하기 위해서는 냅킨 접기를 너무 과하지 않게 하는 것이 좋다.

냅킨 ▶

 테이블클로스가 상차림에서 면적대비 색의 효과를 낼 수 있는 대표적인 것이라면 냅킨은 색과 모양이라는 2가지 효과를 낼 수 있다. 여러 가지 모양으로 접어 음식을 돋보이게 하고 분위기를 살릴 수 있으며 한식 상차림에 어울리는 냅킨의 연출을 통해 한식 상차림의 다양한 이미지를 살릴 수 있다.

○ 냅킨 접기의 예시

◐ 데코레이티브 포켓 냅킨 1

◐ 데코레이티브 포켓 냅킨 2

◐ 코르넷 냅킨

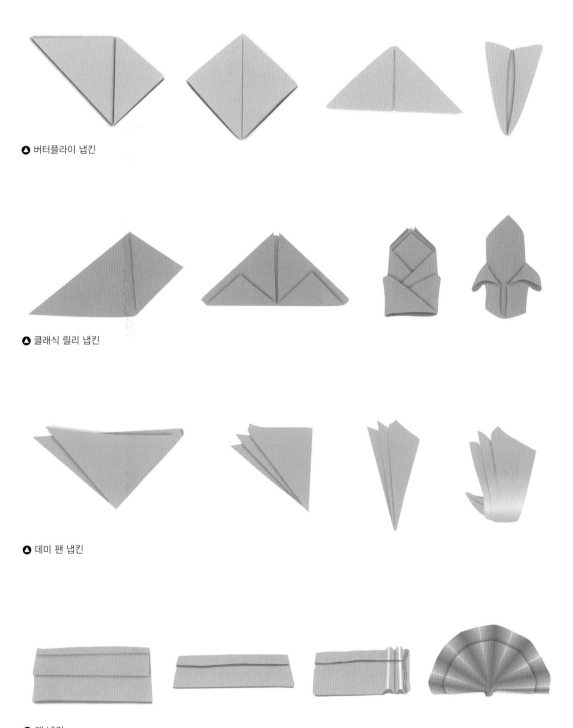

⬢ 버터플라이 냅킨

⬢ 클래식 릴리 냅킨

⬢ 데미 팬 냅킨

⬢ 팬 냅킨

플레이스 매트 ○

(4) 플레이스 매트

개인 영역personal space을 구분하고, 장식해줄 수 있는 것으로 되도록 글라스까지 매트 안으로 들어올 수 있도록 한다.

한식기를 돋보이게 하는 나무, 칠기, 한지, 삼베, 대나무 등의 소재로 만든 매트가 있으며, 서양식의 매트도 한식기와 어울리게 세팅하면 독특하면서 시각적 재미를 줄 수 있는 테이블이 될 수 있다.

도일리 ▶

도일리 직경 10cm로 둥글거나 네모난 천, 레이스, 자수 등이 놓인 것을 도일리doily라고 하는데, 접시와 접시 사이의 마찰이나 닿을 때 나는 소리를 방지하기 위해 사용되었으며, 장식적인 효과를 위한 세팅에도 많이 사용된다.

3. 센터피스와 플라워 디자인

1) 센터피스의 중요성

센터피스center piece는 테이블의 중앙인 공유 영역public space에 장식을 목적으로 사용되는 꽃이나 초 등을 말하며, 이는 식사 시의 계절감이나 안정감 혹은 역동감 등 원하는 분위기를 표현해주기 위해 사용된다. 이러한 전통은 러시아식 식습관에서는 중앙 공간을 향신료나 조미료 등으로 채워서 재력을 과시하는 형태로 나타났으며, 프랑스에서는 수프볼인 슈페리에와 촛대, 작은 새, 네프 등으로 장식하였다. 보통 센터피스를 위한 영역으로는 전체 테이블 크기의 1/9 정도가 적정하며, 일반적으로 마주보는 사람들과의 대화가 방해되지 않을 높이로 장식하는 것이 원칙이다.

◐ 센터피스가 있는 테이블 세팅

흔히 센터피스를 양식 상차림에만 놓는 것으로 생각하는데, 전통 상차림을 보여주는 그림들을 살펴보면 상 한쪽에 소담한 화병을 놓아 손님을 맞는 정성을 표시하고 식탁의 분위기를 돋우었다. 궁중 연회, 궁중 다례 의식에서도 조화, 생화를 이용하여 장식을 하는 궁중 상화가 있었고 사대부의 혼례식, 회혼례 등에서는 고임상 위에 조화 또는 생화를 올렸다.

우리 조상들은 생명을 중시하여 꽃을 즐기고 싶을 때는 생화보다는 조화를 많이 이용했다. 이렇게 사람의 손에서 피어나는 꽃을 가화假花라고 하는데 천연 염색한 한지로 만든 지화, 꿀을 빼고 남은 찌꺼기로 빚어서 만든 밀납화, 비단으로 만든 채화 등이 있다. 특히 14세기에 궁중의 장식으로 자리 잡은 채화는 연회가 있을 때 임금의 음식상을 장식하거나 무희들이 춤추는 무대를 장식하는 데 쓰이기도 했다. 불교에서는 지화, 생화로 만든 불화를 장식하여 공양물과 함께 불상에 올렸고, 일반 서민들은 굿의 제물상에서 조화를 접했다.

오늘날 우리의 식탁에서는 전통의 이미지를 아이디어로 삼아 기념일, 연회 등에서 센터피스에 활용할 수 있을 것이다. 농경민족에게 중요한 지표가 되는 24절기 음식의 재료인 제철 곡식, 야채, 식용 꽃, 절기의 꽃 등으로 식욕을 돋우는 센터피스를 만들 수 있다. 한식에서의 센터피스는 선과 여백의 미를 중요시하여 나뭇가지, 꽃가지 등의 라인을 이용한 비대칭의 어레인지먼트arrangement를 말하며 서양의 좌우대칭적인 센터피스와는 구별할 수 있다.

2) 액세서리의 종류

(1) 피겨

피겨figure는 식사의 분위기를 돋우어줄 수 있도록 세팅의 주제와 어울리는 장식성, 계절감을 표현하기 위해 테이블 위에 올라가는 작은 물건이다. 차이나, 글라스, 커틀러리 등 테이블 구성요소 이외에 식사와 관련된 도자기, 은제품, 크리스털 등으로 만든 꽃이나 동물, 작은 새 등이 서양의 피겨이다.

◑ 네임카드

◑ 피겨

　궁중 연회나 의례식 상차림에서 초와 촛대 등이 피겨로 장식하기도 했으나 일반 상차림에서 상 위에 직접 장식된 경우는 극히 드물었다. 수라상에서도 초와 촛대는 상 위에 두지 않고 밥상 옆에서 조명 역할을 하였다.

　현대에는 한국적인 캔들과 캔들 스탠드, 전통을 상징하는 여러 가지 문양, 전통 소재와 재질을 표현하는 작은 소품, 한국적 모티프 등이 한식 상차림에서도 쓰이고 있다.

(2) 네임카드

네임카드name card는 자리 배석표의 기능을 한다.

(3) 냅킨 링과 냅킨 홀더

냅킨 링napkin ring과 냅킨 홀더napkin holder는 원칙적으로는 포멀하지 않고 캐주얼한 세팅에 사용되었으나 최근에는 자유로운 연출 분위기로 인해 사용 폭이 넓어지고 있다.

△ 냅킨 링

△ 냅킨 홀더

(4) 솔트 셀러와 페퍼밀

솔트 셀러salt cellar는 주로 격식 있는 자리에서 사용한다. 페퍼 세이크pepper shake 와 페퍼밀pepper mill의 세이크는 소금과 후추 세트로 사용하며, 밀mill은 단독으로 사용한다.

△ 솔트 셀러

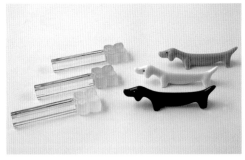

△ 커틀러리 레스트

△ 솔트 세이크와 페퍼밀

△ 캔들 스탠드

(5) 커틀러리 레스트

커틀러리 레스트cutlery rest는 약식이나 런천 세트에 사용한다.

(6) 캔들 스탠드

캔들 스탠드candle stand의 초는 2시간 이상 사용할 수 있는 것으로 준비하고 향
이 나는 것은 피한다.

(7) 클로스 웨이트

클로스 웨이트cloth weight는 장식적 기능도 있으나 야외에서는 필수적이다.

◐ 클로스 웨이트

◐ 에그 스탠드

◐ 케이크 스탠드

◐ 티포트와 티코지

3) 한식에 어울리는 플라워 디자인

상차림의 분위기를 연출 시에 중요한 것이 테이블 중앙에 주로 놓이는 센터 피스이며 센터피스의 예로는 아름다운 플라워 어레인지먼트flower arrangement, 도자기 인형, 유리 장식물, 과일, 촛대 등을 들 수 있다.

특히 많이 쓰이는 센터피스의 소재가 꽃이며, 꽃은 향이 너무 강한 종류나 자잘한 잎이 쉽게 떨어지는 것, 뿌리가 달린 화분은 피하는 것이 좋다.

플라워 디자인은 크게 동양 플라워 디자인과 서양 플라워 디자인으로 양식적 구분을 할 수 있다.

동양 플라워 디자인은 선line을 중시하며 공간과 여백의 미를 고려한 디자인 양식이며, 서양 플라워 디자인은 색감과 양감을 고려하고 형태를 중시하는 디자인 양식을 보인다. 동양과 서양의 플라워 디자인은 디자인적인 양식의 차이를 보이는 것과는 달리 플라워 디자인의 역사를 깊이 있게 들여다보면 역사적 공통점도 찾을 수 있다.

고대에서 꽃은 지금과 동일하게 귀하고 가치 있는 것으로 여겨졌다. 값비싼 꽃을 일상생활이나 일반 사람들을 위해서 사용하는 경우는 드물었고 꽃을 신에게 바치거나, 죽은 사람의 영속성을 기원하는 의미 있는 일에 사용되었다.

한식 상차림 플라워 디자인은 기본적으로 전통 동양 플라워 디자인의 수법을 적용하였다. 하지만 세련되고 모던한 느낌의 한식 상차림을 위해 소재와 수량의 절제, 색과 톤의 조화, 음화적 공간을 활용한 여백의 미를 살리는 것이 한국적 이미지의 상차림에 통일성을 부여할 수 있다.

또한 현재는 전통 동양 디자인보다는 서양 스타일과 믹스 앤 매치하는 경우가 더욱 세련되게 느껴진다. 특히 빼놓지 않고 쓰이는 것이 다양한 그린 소재라인의 강조, 소재의 질감적 특성, 물리적 특성 등의 고려이다.

(1) 플라워 디자인의 요소

다양한 플라워와 나뭇가지, 잎사귀 소재 등의 꽃 이외 그린 소재를 이용할 수 있다. 각 재료들의 선line, 형태form, 공간space, 질감texture, 색color의 5가지 요소를 통해 플라워 디자인이 이루어진다.

선 방향을 표출하며 선line에 의한 방향감은 작품마다 독특한 모양으로 시각적 즐거움과 리듬감을 준다. 선의 종류에는 수직선, 수평선, 사선, 곡선이 있으며, 이 중 크게 정적인 선수직선, 수평선, 동적인 선사선, 곡선으로 나눌 수 있다.

선적인linear 요소를 통해 얻을 수 있는 효과에는 지배감dominance, 강조accent, 형태감결합된 선들의 다양한 구성, 구조 형성frame 등이 있다.

형태 꽃이나 잎, 가지 등 소재들에 의해 구별되는 영역의 외면적 모습, 서로 다른 재료의 구성을 형태form라고 한다. 플라워 디자인의 형태는 대칭형과 비대칭형의 구분, 원 사이드one-side와 올 라운드all-round의 구분으로 나눌 수 있다. 또한 플라워 형태의 종류에 따라 다음 4가지로 구분할 수 있다.

공간 꽃들과 화기들 사이의 3차원 영역을 공간space이라고 하며 전체적인 작품을 보는 데 중요하게 고려하여 디자인해야 하며 형태를 정의할 때에 중요

표 1 선의 종류와 이미지

구분	선의 종류	이미지
정적인 선	수직선 (vertical line)	높이가 강조되어 엄격하고 근엄함 공식적이고 강한 이미지 시각적 긴장감 연출, 움직임이 느껴짐
	수평선 (horizontal line)	고요하고 평화로우며 여성적인 이미지 폭의 강조, 화기 입구와 평행함 느리거나 지루하고 안정된 느낌
동적인 선	사선 (diagonal line)	운동감, 흥미, 눈의 움직임 유발, 긴장감 강조 많이 사용하면 혼란스러움
	곡선 (curved line)	부드러운 운동감, 편안한 느낌 연속성, 여성성

표 2 형태의 종류

구분	특징	예시
라인 플라워 (line flower)	선적인 재료 한 줄기에 여러 송이의 꽃이 선을 이루면서 피는 꽃	글라디올러스, 스토크, 델피니움, 금어초
폼 플라워 (form flower)	특이한 모양의 재료 뚜렷한 형태적 매력으로 눈에 잘 띄는 꽃	안스리움, 칼라, 백합, 아이리스, 극락조 등
매스 플라워 (mass flower)	둥근 모양의 재료 같은 모양의 꽃잎이 여러 장 겹쳐 한 송이가 되는 꽃	장미, 카네이션, 국화, 달리아 등
필러 플라워 (filer flower)	채우기를 위한 재료 디자인의 마지막 단계에 사용함 꽃의 크기가 작고 공간을 메워주는 역할을 함	스타티스, 숙근안개초, 부바르디아, 썸바디 등

하다. 공간의 종류에는 양화적 공간, 음화적 공간, 열린 공간이 있다. 양화적 공간positive space은 재료가 차지하는 공간이며, 음화적 공간negative space은 꽃 사이의 비어 있는 공간이고, 열린 공간voids은 재료들을 연결해주는 명확한 선으로 음화적 공간과 양화적 공간을 돋보이게 만든다.

질감 사용된 재료의 표면적 특성, 물리적 구조에 의한 재료의 고유한 특별성에서 나오는 촉각적 촉감, 시각적 촉감을 질감texture이라고 말한다. 즉 화기의 재질부드럽다, 반짝인다, 거칠다, 매끈하다 등, 꽃들과 그린 소재를 통한 표면적 촉감, 시각적 질감으로 표현하고 디자인 안에서 질감의 사용은 많은 것을 포함해주며 흥미를 더해준다.

색 꽃이나 스타일을 보기 전, 사람들이 제일 먼저 발견하는 요소는 색color이다. 색의 적절한 결합color combination의 결과는 다양한 이미지와 효과를 줄 수 있어 색은 가장 중요한 디자인 요소이며 감정의 표현을 만든다. 플라워의 다양한 색과 톤은 색감과 스타일링 능력을 배양하는 데 가장 효과적인 도구이다.

(2) 한식 상차림을 위한 5가지 플라워 디자인

세련된 모던한 느낌의 한식 상차림을 위해 여러 가지 플라워 디자인 중 다음 5개의 스타일을 제시해 본다.

물론 이외에도 다양한 디자인의 시도가 가능하다. 현재 많이 사용되는 양식을 기준으로 예를 꼽았으며, 전통 동양 플라워 디자인도 한식 상차림을 위해 사용될 수 있으나, 현재는 전통 동양 디자인보다는 서양적인 디자인과 믹스 앤 매치하는 경우가 더욱 세련되게 느껴진다.

장미, 카네이션 등의 서양적인 느낌을 주는 매스 플라워를 쓰지만 그린 소재를 통하여 선의 느낌을 가미하는 디자인이라든지, 서양적 느낌의 꽃을 쓰더라도 수량과 색의 절제미를 적용하여 한국적인 이미지를 돋보이게 할 수 있다. 라인의 강조, 소재의 질감적 특성, 물리적 특성 등을 고려하는 다양한 그린 소재를 빼놓지 않고 사용한다.

라운드 디자인　가장 보편적으로 많이 사용되는 센터피스의 형태는 라운드 디자인round style이다. 사방에서 보아도 둥근 형태가 되도록 디자인한다. 꽃의 줄기가 모두 하나의 초점을 향해 꽂히며 매스 플라워가 많이 사용된다.

◐ 긴 라운드 디자인

◐ 라운드 디자인

선 디자인 ▶

상차림의 기본과 이해

⬥ 리스형 디자인

⬥ 프레이밍

선 디자인　꽃과 그린 소재가 지닌 선과 형태의 대비를 강조하는 디자인이 선 디자인linear style이다. 선과 형태가 분명하며, 꽃의 종류와 양은 적게 이용하고 라인을 잘 살리는 가지를 사용하여 간결하면서도 동적인 형태감을 준다.

리스형 디자인　원의 가운데가 뚫린 링의 형태이며 주로 대칭의 디자인을 리스형 디자인wreath style이라고 한다. 리스 형태의 플로랄 폼을 사용하거나 넝쿨 종류로 화기에 리스 형태를 구성하여 꽃을 넣기도 한다. 현대에는 테이블 플라워로 활용할 경우에는 가운데 뚫린 공간을 활용하여 초를 장식하기도 한다.

프레이밍　작품 둘레를 프레임으로 씌워주듯이 감싸는 기법을 프레이밍framing style이라고 한다. 주로 가지 소재로 프레임 처리한다. 안쪽 꽃과 바깥 프레임이 하나의 느낌으로 어울리도록 한다.

화기의 사용　한식 상차림의 분위기를 살려줄 수 있는 전통적인 느낌의 자기, 토기 등의 화기vase를 사용하여 센터피스를 만들 수 있다.

● 화기의 사용

(3) 한식 스타일링에 어울리는 플라워와 그린 소재

한식 스타일링에 잘 맞는 플라워에는 국화, 잎모란, 양귀비꽃, 호접란, 수국, 반다, 장미, 극락조, 알스트로메리아, 칼라, 베로니카, 천일홍, 나리, 용담, 소국, 과꽃, 스프레이 카네이션, 왁스플라워, 목수국, 금잔화, 아미, 덴파레, 스토크, 맨드라미, 글라디올러스, 아네모네, 아이리스, 금어초, 설유화, 산당화, 부바르디아 등이 있다. 그린 소재에는 마디초, 곱슬버들, 다래 넝쿨, 엽란, 호엽란, 갤럭시 잎, 연밥, 망개나무 열매, 낙상홍, 오리목 가지, 편백, 만년청개운죽, 강아지풀, 하이베리콤, 대극도아스플레니움, 불로초, 수수, 금송, 치자, 남천, 줄맨드라미, 꽈리, 덴드륨, 자리공, 목화 등이 있다.

국화

잎모란

양귀비꽃

호접란

수국

장미

극락조

알스트로메리아

칼라

천일홍

나리

용담

소국

과꽃

왁스플라워

목수국

(계속)

금잔화   아이리스   금어초   설유화

산당화   마디초   엽란   오리목 가지

호엽란   남천

◀ 한식 스타일링에 어울리는 플라워와 그린 소재

(4) 사용 용도에 따라 다른 테이블 플라워

테이블 플라워는 테이블의 사용 용도에 따라 다르게 어레인지먼트_{arrangement}한다.

식음료용 테이블 세팅의 경우 향이 진하거나 좋지 않은 꽃, 잘 떨어지는 꽃, 부스러지기 쉬운 소재, 이끼는 사용하지 않는 것이 좋다. 또 맞은편 식사자의 시선이 가려지지 않도록 꽃의 높이는 아주 낮거나 아주 높게 디자인한다.

보통의 테이블 플라워는 테이블에 비해 1/9 정도의 크기로, 높이는 30cm 미만이 적당하다.

* 꽃 물올리기

절화는 농장에서 출하한 후 경매 등 일련의 유통 과정을 거쳐 소비자에게 오게 되므로 수분이 부족한 경우가 많다. 올바르게 물 올리는 요령을 알면 절화의 수명을 늘릴 수 있다.

꽃을 구입해오면 줄기 끝부분을 3~4cm 잘라주고 미지근한 물에 담가 물 올림이 충분히 되었을 때 사용한다. 여름에는 2시간 정도, 겨울에는 미지근한 물에서 3~4시간 동안 물 올림을 한다.

플로랄 폼은 물이 충분히 있는 상태에서 가만히 띄어두어 물을 흡수하여 가라앉으면 그때 사용한다. 플로랄 폼 위로 물을 붓거나 물속에서 눌러주는 것은 내부에 기포가 생겨 충분히 물을 흡수하지 못하게 한다.

뷔페 테이블이나 티 테이블의 장식은 낮은 형태의 디자인도 좋으나 시선보다 높은 위치의 디자인도 시선의 폭을 넓혀서 다양한 효과를 줄 수 있다.

또 테이블클로스의 색도 꽃 선택 시에 고려해야 한다.

4. 색채와 식공간

1) 색채의 이해

(1) 색체계

색채 표준은 색을 정확하게 사용하기 위한 규정이다. 색이 인간의 감성과 관련되어 있으므로 주관적일 수 있어 양으로 측정하여 관리하는 것을 말한다. 먼셀, 오스트발트, NCS, CIE 등 고유의 체계를 갖고 있는 표색계는 단체나 국가 또는 세계적으로 통용되는 단위로 표준화되어 사용된다.

색채 표준화는 색의 커뮤니케이션과 정확한 관리를 가능하게 한다. 이러한 색채 표준화가 이루어지지 않았다면 개인이나 기업 간의 색채 커뮤니케이션이 불가능하고 색채를 과학적으로 관리하지 못해 색을 정확하게 재현할 수 없는 등의 문제가 발생되었을 것이다.

현색계는 물체색의 체계를 말하며 물체색을 색지각의 3속성인 색상, 명도 채도에 따라 정량적으로 분류해서 여기에 번호나 기호를 붙여 물체의 색채를 표시하는 체계이다. 현색계의 가장 대표적 표색계는 먼셀과 NCS표색계_{스웨덴 색채연구소개발}이다. 한국색채연구소_{IRI}에서 제작되어 우리나라의 표준색으로 활용되고 있는 한국표준색표집도 이 방법으로 작성되었다.

혼색계는 광원색의 체계를 말한다. 물체색을 측색기로 측정하고 어느 파장 영역의 빛을 반사하는지에 따라서 각 색의 특징을 수치로 판별하는 것으로 국제조명위원회에서 고안한 CIE와 오스트발트 표색계가 이에 속한다.

먼셀 표색계 미국의 화가이자 색채 연구가인 먼셀_{1858~1919년}이 1905년에 표색계를 창안한 후 1940년 미국광학협회가 개정한 수정 먼셀 표색계는 표준 색표로서 시판되었고 오늘날 먼셀표색계라고 일컫는다. 먼셀은 모든 색채를 색상, 명도 채도의 총합이라고 정의하고 이 3가지 요소들을 체계적으로 정

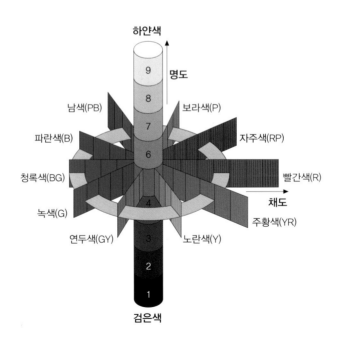

먼셀 표색계의 기본 구조 ▶

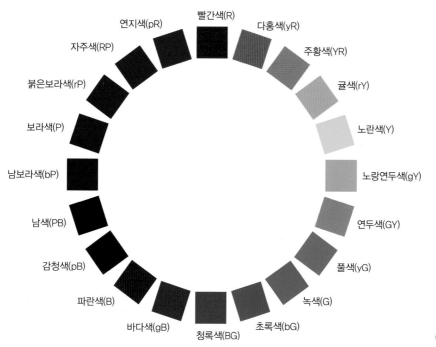

빨간색(R)
연지색(pR)
다홍색(yR)
자주색(RP)
주황색(YR)
붉은보라색(rP)
귤색(rY)
보라색(P)
노란색(Y)
남보라색(bP)
노랑연두색(gY)
남색(PB)
연두색(GY)
감청색(pB)
풀색(yG)
파란색(B)
녹색(G)
바다색(gB)
초록색(bG)
청록색(BG)

◀ 먼셀의 20색상환

리하고 도식화하여 색채의 관계를 서로 조직적으로 연결하는 색입체를 고안하였다. 중심의 세로축에 명도, 아래에서 위로 올라갈수록 명도가 높아진다. 주위의 원주상에 색상을 구성하고 중심에서 방사선으로 채도를 구성하며 중심축에서 멀어질수록 채도가 높아진다.

색입체는 달걀 모양의 구조로 만들어져 있는데, 공 모양의 완전한 구형이 되거나 원통형이 되지 않는 것은 각 색상별 및 명도별 채도의 단계가 동일하지 않기 때문이다. 채도가 높은 안료가 개발되면 먼셀 색체계의 채도축이 늘어날 수 있다.

°명도_{value} 0~10까지 번호가 증가하는 명도_{value} 축에서 0은 절대 검은색, 10은 절대 흰색을 뜻한다. 물체색으로 완전한 검은색과 흰색은 존재하지 않으며 실제로는 1.5~9.5까지의 값들이 사용되고 있다. 이 축을 그레이 스케일_{gray scale}이라고도 하며 무채색 영문인 'neutral'의 앞 문자를 따서 'N1, N2, N3…'으로 표시한다.

●색상hue　먼셀휴라고도 부르는 색상Hue은 R, Y, G, B, P의 5색을 같은 간격으로 놓고 그 사이에 주황색YG, 연두색GY, 청록색BG, 남색PB, 자주색RP을 기본 10색으로 배치한다. 10색상의 순서는 R, YR, Y, GY, G, BG, B, PB, P, RP가 된다. 다시 이 것을 시각적으로 고른 단계가 되도록 10등분하면 전체 100색상이 된다. 각 색상 은 1에서 10번까지 번호를 붙여 표기하는데 예를 들면 R의 경우 5R이 R의 중심 을 나타내며 5R보다 큰 수의 색상은 5R에 비해 노란색을 띤 빨간색이 되고 5R보 다 작은 수의 색상은 보라색을 띤 빨간색이 된다. 10R은 0YR과 동일하나 0YR로 표기하지 않는다.

●채도chroma　색의 순수한 정도, 색의 강약, 맑고 탁한 정도, 선명도를 채도chroma라 고 하며 순도라고도 한다. 먼셀 색입체의 중심축인 무채색의 축에서 바깥쪽으로 멀어질수록 채도는 높아지고 무채색의 축에 가까울수록 채도는 낮아진다. 어떤 유채색에 무채색흰색, 검은색, 회색을 섞으면 채도가 낮아지므로 채도는 무채색이 섞인 정도라고도 볼 수 있다. 채도c는 중심의 무채색축을 0으로 하고 수평 방향으로 번호가 커지며 채도가 높아지지만 색상마다 가장 높은 채도의 값은 다르다. 예 를 들어 5R, 5Y, 5YR의 채도는 14이지만 5RP의 채도는 12, 5P의 채도는 10, 5BG

⬥ Hue & Tone 120 표체계

의 채도는 8이다. 채도의 표기법은 보통 /2, /4, /6…/14처럼 2단위로 구성되어 있으나 실용적으로 저채도가 많이 쓰이기 때문에 /1, /2, /3, /4, /8 또는 /1, /2, /4, /6, /8 등으로 한다.

한국색채연구소IRI **Hue & Tone 120 표체계** 색상hue, 명도value, 채도chroma 3속성에 의한 색채 표현을 색상hue과 색조tone로 단순화 시켜 색채 분포 분석을 보다 용이하게 한 색표이다. 기존에 개발된 여러 유형의 색상 색조 체계를 발전시켜 한국인의 감각을 수용하면서도 세계적 범용성을 고려하는 방향으로 개발된 것이다. 120색은 110개의 유채색과 10개의 무채색으로, 110개의 유채색은 10개의 색상과 11개의 색조로 이루어져 있다.

색채 이미지 공간 단색, 배색, 형용사 이미지 공간은 각각 세로 방향으로 부드러운soft, 딱딱한hard, 가로 방향으로 동적인dynamic, 정적인static의 동일한 기준 축으로 이루어진 공간 내에서 단색·배색·형용사가 고유한 위치에 자리하고 있다.

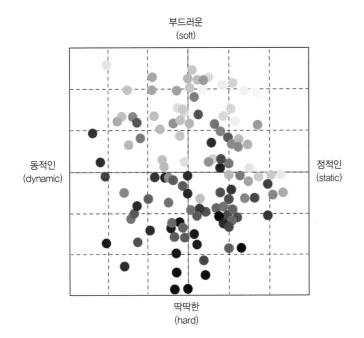

◑ IRI 단색 이미지 스케일

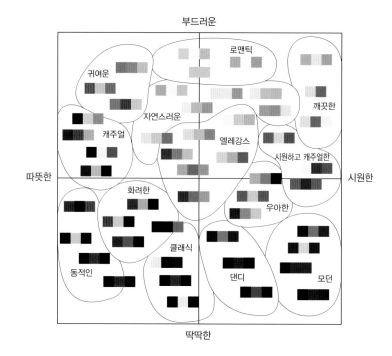

부드러운

귀여운　　로맨틱

자연스러운　　깨끗한

따뜻한　캐주얼　엘레강스　시원한

시원하고 캐주얼한

화려한　우아한

동적인　클래식　댄디　모던

딱딱한

IRI 배색 이미지 스케일 ▶

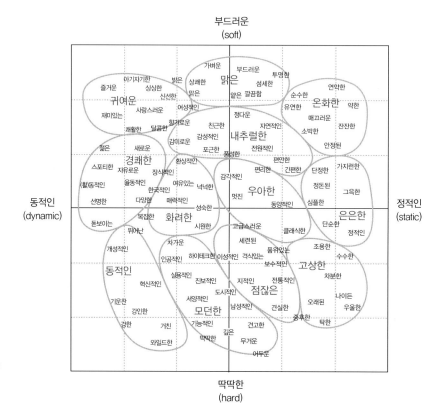

부드러운
(soft)

가벼운　부드러운
아기자기한　밝은　상쾌한　맑은　투명한
즐거운　　심심한　섬세한
귀여운　신선한　맑은　얕은　깔끔함　연약한
　사랑스러운　여성적인　순수한　온화한　약한
재미있는　　　　정다운　유연한　매끄러운　잔잔한
쾌활한　달콤한　향기로운　친근한　자연적인　소박한
젊은　　김미로운　감성적인　내추럴한　안정된
　새로운　포근한　전원적인
경쾌한　환상적인　풍성한　편안한　가지런한
스포티한　자유로운　장식적인　편리한　간편한　단정한
(활)동적인　율동적인　여유있는　넉넉한　감각적인　정돈된　그윽한
선명한　다양한　한국적인　멋진　우아한　심플한
　　매력적인　성숙한　동양적인　은은한
돋보이는　복잡한　화려한　　단순한　정적인
　뛰어난　시원한　고급스러운　클래식한
차가운　세련된　품위있는　조용한
개성적인　인공적인　격식있는　수수한
동적인　하이테크한 이성적인　보수적인　고상한
(dynamic)　실용적인　진보적인　지적인　전통적인　차분한
혁신적인　서양적인　도시적인　점잖은　나이든
기운찬　　남성적인　건실한　오래된　우울한
강인한　모던한　중후한
강한　거친　기능적인　건고한　　탁한
　와일드한　딱딱한　깊은　무거운
　어두운

정적인
(static)

딱딱한
(hard)

IRI 형용사 이미지 스케일 ▶

상차림의 기본과 이해

(2) 색의 대비

색의 대비는 어떤 색이 기타 색의 영향으로 인해 실제와 다른 색으로 변해보이는 현상으로 어떤 색이 다른 색에 둘러싸여 있거나 인접한 두 색을 동시에 볼 때 일어나는 대비를 동시대비라고 하고 어느 색을 보고 계속하여 다른 색을 볼 때 생겨나는 대비를 계시대비라고 한다.

색상대비　색상이 다른 두 색이 서로의 영향으로 색상차가 크게 보이는 현상이다.

명도대비　명도가 다른 두 색이 서로의 영향으로 다르게 보이는 현상이다.

채도대비　탁한 색 위에 어떤 색을 놓고 보면 원래의 색보다 맑은색으로 보이는 현상이다.

연변대비　어떤 색이 맞붙어 있을 경우 그 경계언저리에 일어나는 대비현상으로 명도가 높은 색과 접하고 있는 부분은 어둡게 보이고 명도가 낮은 색과 접하고 있는 부분은 밝게 보인다.

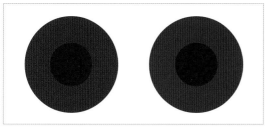

🔻 색상대비

🔻 명도대비

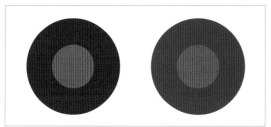

🔻 채도대비

🔻 연변대비

● 면적대비

● 보색대비

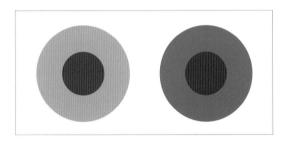

◀ 한난대비

면적대비　면적이 크고 작음에 의해 다르게 보이는 현상으로 면적이 크면 명도, 채도가 높아 보인다.

보색대비　보색관계인 두 색을 보면 서로의 영향으로 각각 독자적 특징을 지니는데 보색끼리의 색은 서로의 잔상에 의해 상대편 색을 강하게 보이게 한다.

한난대비　한색과 난색의 대비로 한색은 더욱 차게, 난색은 더욱 따뜻하게 보이는 고도의 회화적 효과에 사용된다. 예를 들어 인상파의 모네, 르누아르 그림에 사용되었다.

(3) 색의 배색과 조화

색의 배색은 2가지 이상의 색을 어떤 특별한 효과나 목적에 알맞게 조화되도록 만드는 것이고 색의 조화에서는 배색을 통해 통일감과 변화가 요구되는데 그 통일과 변화가 균형이 맞춰질 때 색의 조화가 있다고 한다.

보색조화 보색은 '빨간색과 녹색', '노란색과 보라색', '파란색과 주황색', '검은색과 흰색'과 같은 반대색을 말한다. 보색관계에 있는 2가지 색을 나열하면 서로 돋보이게 한다. 다랑어회에 시소, 파슬리, 해초 등을 장식하는 것을 예로 들 수 있다.

유사색조화 유사색은 '색상환'에서 인접해있거나 바로 옆에 있는 색을 이르는 말로 색상의 차이가 크지 않은 색들을 말한다. 빨간색의 유사색은 '연지, 다홍색', 녹색의 유사색은 '풀색, 초록색'이다. 이 유사색에는 공통적인 요소가 있는데 예를 들어 파란색의 유사색은 '감청색이나 바다색'인데 그 공통점은 모두 파란색을 기본적으로 포함하고 있다는 것이다. 또한 갈색과 겨자색은 양쪽 모두 노란 색감을 포함하고 있기 때문에 유사색이 된다. 겨자색 그릇에 우엉을 삶아 담는 것을 예로 들 수 있다.

같은 계열색조화 동일 색상에 농담의 차이가 있는 2가지 색을 서로 배합한 것을 말한다.

단색조화 유채색 중 1가지 색과 무채색 1가지 색을 배합한 것을 말한다. 일본 요리에서 자주 사용된다.

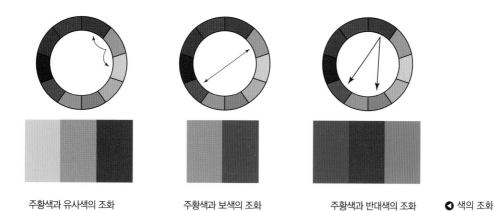

주황색과 유사색의 조화   주황색과 보색의 조화   주황색과 반대색의 조화   ◀ 색의 조화

2) 8분류에 따른 테이블 이미지

포멀한 테이블 이미지에는 클래식 스타일, 엘레강스 스타일이 있고 캐주얼한 테이블 이미지에는 기본 캐주얼 스타일, 로맨틱 스타일, 내추럴 스타일, 심플 스타일, 하드 캐주얼 스타일이 있다. 그리고 모던한 테이블 이미지가 있다.

(1) 포멀 세팅

포멀 세팅formal setting은 결혼식의 피로연 등에서 자주 보이는 테이블 스타일이다. 테이블클로스는 흰색의 아주 고운 마직, 무늬가 있는 면직을 사용한다. 냅킨도 테이블클로스와 같은 것을 사용한다.

　식기는 본차이나를 사용하고 테두리를 금으로 장식한 것이 일반적이다. 커틀러리는 순은 또는 은도금을 사용하고 글라스는 크리스털 같은 고급 커트 글라스cut glass를 사용한다. 전체적으로 고품격의 테이블 스타일table style이다.

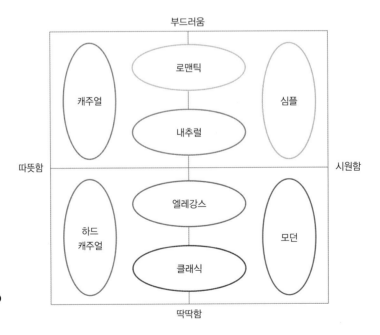

테이블 이미지 8분류 ▶

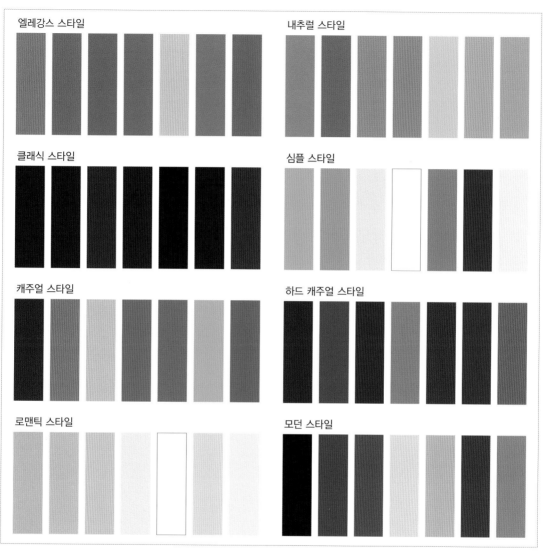

엘레강스 스타일

내추럴 스타일

클래식 스타일

심플 스타일

캐주얼 스타일

하드 캐주얼 스타일

로맨틱 스타일

모던 스타일

🔺 테이블 이미지 8분류 스타일별 컬러표

세팅은 시대와 함께 변하고 있다. 여기에서 설명하고 있는 영국식, 프랑스식 세팅 위치도 기본적인 세팅의 예이다. 가정에서의 세팅 위치와 레스토랑의 위치는 다르지만 식사하기 편하고 서비스 하기 편하면서 아름답게 표현하는 것이 중요하다.

클래식 스타일

°클러 클래식 스타일은 깊이가 있는 난색계열을 중심으로 딥deep, 다크dark, 다크 그레이시dark grayish와 같은 톤을 혼합하고 다양한 색조를 사용하여 코디네이션을 한다.

클래식 스타일classic style은 영국식으로 격조 높은 전통 스타일이다. 영국식의 세팅은 포멀하면서도 테이블클로스를 사용하지 않고 마호가니의 나무 모양을 살리기 위해 오건디 또는 레이스의 식탁매트table mats를 사용한다.

커틀러리는 장식적인 순은 또는 은도금을 사용하며 위를 향하게 놓고 디저트 스푼, 포크도 나란히 놓는 것이 특징이다. 식기는 기하학적인 모양으로 가장자리에 무늬가 있는 본차이나가 일반적으로 사용된다. 글라스는 크리스털 커트 글라스를 사용한다.

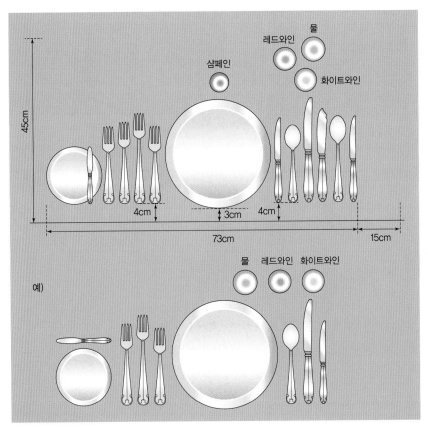

🔻 클래식 스타일

요리는 오르되브르, 수프, 생선 요리, 셔벗, 고기 요리, 샐러드, 푸딩, 과일, 치즈, 커피 순으로 서비스를 한다.

°세팅 순서 영국식의 세팅은 식탁매트table mats를 중심으로 장방형으로 나란히 놓는다. 디너 접시는 테이블의 단으로부터 약 3cm 되는 곳에 놓는다. 커틀러리는 식탁매트와 평행이 되도록 직선적으로 나열한다. 외측으로부터 오르되브르 나

◐ 한국의 클래식 스타일

◐ 서양의 클래식 스타일

이프와 포크, 디너 스푼, 생선 나이프와 포크, 고기 나이프와 포크, 디저트 스푼과 포크, 치즈 나이프 순으로 놓는다. 글라스는 나이프의 앞으로부터 화이트와인, 좌측 위에 레드와인, 오른쪽에 물잔을 놓는다. 샴페인은 디너 접시의 위, 또는 화이트와인의 오른쪽에 놓는다.

엘레강스 스타일

°컬러 엘레강스 스타일은 라이트light, 라이트 그레이시light grayish, 그레이시grayish와 같은 톤에서 동일한 그룹의 코디네이션을 한다.

엘레강스 스타일elegant style은 프랑스식으로 격조 높고 우아하다. 프랑스식은 커틀러리를 뒤집어서 놓고 곡선을 살려 세팅한다. 영국식은 반드시 빵 접시를 놓

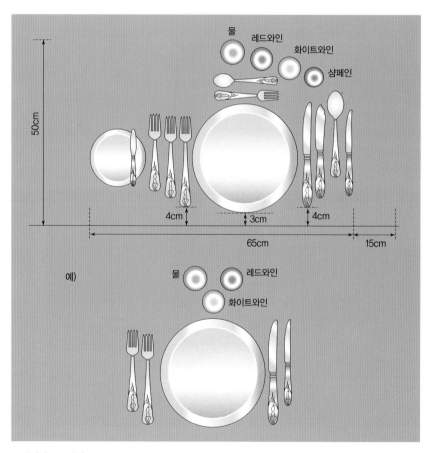

◐ 엘레강스 스타일

는 반면 프랑스식은 빵 접시가 없는 경우도 많이 있다.

식기는 자기를 중심으로 꽃무늬와 리본 같은 화려하고 우아한 양식이 있는 식기를 사용한다. 테이블클로스는 풀클로스full cloth로 고급스러운 리넨과 무늬가 있는 것을 사용하고 커틀러리와 글라스는 곡선으로 디자인 된 것을 사용한다.

요리는 오르되브르, 포타주진한 수프, 생선 요리, 서벗, 고기 요리, 샐러드, 치즈, 디저트, 커피의 순으로 서비스를 한다.

●세팅 순서 프랑스식 세팅은 디너 접시를 중심으로 하는 삼각형 구도이다. 디너 접시를 테이블의 단으로부터 약 3cm 되는 곳에 놓는다. 고기 나이프, 포크는 테이블의 단으로부터 약 4cm 되는 곳에 뒤집어서 놓는다. 프랑스에서는 뒷부분에 가문의 로고를 넣으므로 로고가 있는 곳이 표면이라고 해석하기 때문이다.

디너 스푼, 오르되브르 나이프와 포크는 디너 접시의 중심선에 맞춘다. 풀코스로 나열할 경우에는 전부 디너 접시의 중심선에 맞추는 것보다 하모니를 생각하여 놓는다. 커틀러리의 간격은 너무 넓지 않게 한다.

글라스는 나이프의 앞에서부터 비스듬하게 샴페인, 화이트와인, 레드와인, 물잔의 순으로 나열한다.

◔ 한국의 엘레강스 스타일

● 서양의 엘레강스 스타일

(2) 캐주얼 세팅

캐주얼 세팅casual setting은 지금 주류를 이루고 있는 스타일이라고 할 수 있다. 패션, 인테리어, 생활 방식에서도 보다 자유로우면서 가볍게 즐기는 분위기가 인기를 끌고 있다. 이전에는 비일상적이었던 외식과 파티가 일반화되고 있는 현재에는 보다 질 높은 캐주얼 세팅을 추구하고 있다.

테이블 코디네이션에서 캐주얼 세팅은 특별한 룰이 없이 자유롭다. 식기는 두꺼운 자기와 딱딱한 성질의 자기로 컬러풀한 것을 사용하고 글라스는 두껍고 강한 유리제품을 사용한다. 커틀러리의 재질은 스테인리스로 자루는 나무, 고무 등을 사용하고 테이블클로스는 물방울이나 체크, 꽃그림 등 구애받지 않고 사용한다.

식기는 더블플레이트double plate의 사용이 가능하며 주부가 앉았다가 섰다가 하지 않도록 필요한 플레이트, 컵과 받침 등을 처음부터 세팅해둔다. 식기의 디자인은 통일되지 않아도 되나 서로 어우러지는 재질을 사용한다.

글라스의 수는 2개를 넘지 않도록 하며 1개로 겸용할 수도 있다. 글라스의 디자인은 통일되지 않아도 된다. 커틀러리는 오르되브르에서 메인 요리까지

○ 캐주얼 스타일

같은 커틀러리를 사용한다. 디저트용 커틀러리는 처음부터 세팅해둔다. 커틀러리의 디자인은 통일되지 않아도 된다.

리넨은 더블클로스double cloth가 가능하며 무지의 풀클로스full cloth 위에 꽃무늬나 스트라이프 등의 톱 테이블클로스top table cloth를 깔 수 있다.

피겨로 이용하는 꽃은 생화뿐만 아니라 들꽃, 드라이플라워, 과일 등을 사용할 수 있으며 꽃병도 빈병, 부엌 용기 등을 활용할 수 있다. 또한 냅킨링을 사용할 수 있다.

캐주얼 스타일

°컬러 캐주얼 스타일은 비비드 톤을 사용한다. 여러 색상을 사용하여 발랄함을 연출하며 밝고 활동적이고 즐거운 느낌의 스타일이다. 양식과 틀에 얽매이지 않고 자연 소재와 인공 소재를 조화시킨 자유로운 발상의 연출이 가능하다.

로맨틱 스타일

°컬러 로맨틱 스타일은 베리 페일very pale, 페일pale과 같은 파스텔을 기본으로 여러 가지 색을 배합하여 코디네이션을 한다. 8분류 중 가장 부드럽고 꿈을 꾸는 듯한 느낌의 소녀 같은 이미지이다.

⬥ 한국의 내추럴 스타일

⬥ 서양의 내추럴 스타일

내추럴 스타일

°컬러 내추럴 스타일은 베이지 계열, 아이보리 계열, 녹색 계열 중심으로 자연을 느낄 수 있는 색상을 사용하며 톤은 페일, 라이트, 라이트 그레이시를 사용하여 코디네이션을 한다. 도회적인 모던 스타일의 감각과는 대조적으로 온화한 분위기이다.

심플 스타일

°컬러 심플 스타일은 파란색과 하얀색을 기본으로 깨끗하고 시원한 배색을 한다. 톤은 브라이트bright, 그레이시, 베리 페일을 사용하여 코디네이션을 한다. 상

○ 심플 스타일

쾌하고 신선한 이미지로 깨끗하고 심플한 형태를 사용한다.

하드 캐주얼 스타일

°컬러 난색 계열을 중심으로 가을을 느낄 수 있는 여러 색상을 배색하여 연출한다. 야외적인 이미지를 가지고 있으며 핸드메이드의 거칠면서 따뜻한 느낌의 소재를 사용한다. 딥, 스트롱strong 톤을 중심으로 다색상을 사용하고 조화롭고 깊고 풍요로운 느낌의 배색을 사용한다.

○ 하드 캐주얼 스타일

(3) 모던 스타일

모던 스타일은 현대적인 것을 의미한다. 1925년 파리에서 열린 제3회 세계 전람회에서 나타난 새로운 건축물, 공예 디자인의 특징을 모던 스타일모더니즘, 근대주의이라고 부르게 되었다. 아르누보, 아르데코가 등장했던 당시에는 최첨단의 모던이었다. 그 후 아메리카 모던, 북유럽 모던을 거쳐 이탈리아 모던이 한 시대를 풍미하였고 현재는 북유럽의 새로운 흐름을 주축으로 하는 북유럽 모던 스타일이 주류를 이룬다. 이는 캐주얼이 세련되어 보다 샤프해진 캐주얼 모던, 내추럴 모던, 심플 모던같이 자연과 인공적인 것이 융합된 가장 최신 모던 스타일을 말한다. 즉 모던은 늘 변하는 시대상을 크게 반영한 선구적이고 새로운 스타일을 말한다.

° 컬러 흰색에서 검은색의 무채색에 적색, 황색, 청색 등 비비드 컬러의 악센트 컬러를 8 : 2, 9 : 1의 비율로 효과적으로 사용한다.

° 이미지 도회적인, 샤프한, 진보적인, 합리적인, 직선적인, 무기질적인, 현대적인, 지적으로 세련된 이미지이며 딱딱하고 산뜻한 도시적인 분위기이다. 직선적인 선과 색을 살려 연출한다.

° 소재감 인공적인 소재를 사용하며 글라스, 금속 등 무기질적인 차가운 촉감의 직선적인 라인으로 심플한 형태의 제품을 사용한다.

3) 시간으로 본 테이블 세팅

모닝 테이블 세팅 조식을 의미하는 영어 Breakfast의 'break'는 '파괴하다, 중단하다'라는 뜻이고 'fast'는 '단식, 즉 식사를 하지 않는다'는 뜻으로, 즉 조식은 '밤사이의 단식을 중단하는 식사'를 말한다.

모닝 테이블 세팅morning table setting에는 2가지의 스타일이 있는데 영국식미국식과 유럽식이 있다. 영국식 아침식사는 푸짐하기로 정평이 나있는데 영국인은 아침식사를 중요시하는 민족으로 영국의 호텔에서 먹는 아침은 호화스러움 그 자체라고 할 수 있다.

⬥ 한국의 모던 스타일

표 3 아침식사 메뉴

구분	영국식(미국식)	유럽식
음료	홍차 또는 커피	커피 또는 카페오레
	과즙	과즙
식사 메뉴	과일	시리얼
	시리얼	크루아상
	달걀 요리(프라이, 삶은 것, 스크램블)	잼, 마멀레이드
	소시지, 베이컨, 버섯, 구운 토마토	
	토스트(영국−얇은 토스트, 미국−두꺼운 토스트를 즐김)	

유럽식 아침식사는 프랑스를 중심으로 하는 유럽 전체에서 주류를 이루고 있는 스타일로 메뉴 구성이 심플하다.

브런치와 런치 테이블 세팅 브런치 테이블 세팅lunch & brunch table setting의 브런치는 아침과 점심을 겸한 늦은 아침식사를 가리킨다. 가령 전날 밤 손님이 머물러 밤늦게까지 파티를 열었을 경우 다음날 아침에는 손님도 주인도 늦은 오후 시간까지 휴식을 취하게 된다. 이런 휴일이라면 브런치에서는 아침부터 샴페인이 나오는 경우도 있다. 런치 세팅lunch setting에서는 디너와는 달리 식기의 수를 줄이고 커틀러리도 마지막까지 같은 것을 사용한다.

디너 테이블 세팅 디너 테이블 세팅dinner table setting의 디너는 정식으로 차려진 식사를 의미한다. 하루의 식사 중에서 가장 중요한 식사를 디너라고 부른다. 영국의 북부 농가에서는 현재도 점심식사를 정찬으로 디너라고 하고 있으나 일반적으로는 저녁식사를 가리킨다.

4) 동서양의 테이블 매너

한국 식문화의 테이블 매너 음식상 앞에서 자세는 등을 꼿꼿이 하여 바로 앉고, 흐트러진 자세는 보기 좋지 않다. 좌석의 순서는 어른이나 주빈을 안쪽

공간으로 모신다. 모임의 어른이 수저를 든 다음에 식사를 시작하고, 어른보다 먼저 끝났을 때는 수저를 국 대접에 걸쳐 놓았다가 식사가 끝나면 본인의 수저도 내려놓는다.

숟가락과 젓가락을 함께 쥐고 식사하지 않는다. 음식 먹을 때는 소리 없이 먹는다. 국물을 마실 때 후루룩 소리를 내거나 반찬 접시나 밥그릇을 긁는 소리를 내지 않는다. 반찬을 뒤적거리거나 집었다가 놓았다가 하거나 이것저것 고르는 행동을 삼간다.

여럿이 식사를 할 때는 반찬 접시에 공용 젓가락을 놓고, 찌개 그릇에는 조그만 국자를 곁들여 놓는 것이 좋다. 여럿이 먹는 식탁에서 젓가락 끝을 입으로 빨다가 반찬을 집는 것은 매우 불쾌한 행동이다.

식사 중 재채기나 기침을 삼가야 하며, 부득이 할 때에는 다른 사람에게 튀지 않도록 손수건으로 가린다. 음식은 반드시 한 입에 들어갈 양만큼 입에 넣도록 한다. 음식을 먹을 때는 입을 다물고 씹고, 입 속에 음식이 가득 있을 때 이야기를 하지 않는다. 옛날에는 식사 중 이야기를 하지 않는 것이 예의였으나 현대에는 이야기를 하여도 무방하다. 식사할 때 화제는 슬픈 이야기, 불쾌한 이야기, 불결한 이야기, 전문적이고 어려운 이야기, 정치적인 이야기를 삼간다.

식사의 속도는 자신의 양 옆에 앉은 사람과 보조를 맞춘다. 식탁에서 다른 사람이 실수할 경우 그 사람이 당황하지 않게 웃지 말고 도와준다. 식사 도중 돌이나 이물질을 깨물었을 때 아무도 모르게 조용히 처리하고 식사가 끝난 후에 조용히 주의를 준다.

식사가 끝나면 양치질을 하여 잇몸에 붙은 음식물찌꺼기를 제거해야 한다. 이쑤시개의 사용은 잇몸에도 해롭고 예의에도 어긋난다. 식사 후 트림은 삼간다.

집주인은 식사 중 좌석을 떠나지 말아야 한다. 집주인이 들락날락하게 되면 앉아 있는 다른 사람이 송구해지고 불안해진다.

서양 식문화의 테이블 매너 17~18세기에 적은 인원이 식사를 하는 문화가 생겼다. 이때부터 개개인의 접시와 커틀러리를 진열하게 되면서 테이블 매너가 생겨나게 되었다. 나라와 시대에 따라 매너가 조금씩 다를 수 있으나 서비스하는 사람과 초대받는 사람이 상호 기분 좋게 식사하기 위해 생겨난 것이 매너이다. 그러나 식사에서는 매너가 주요 목적이 아니므로 식사를 즐겁게 하는 것이 중요하다.

의자를 꺼내고 넣는 것은 좌측에서 한다. 냅킨은 5cm 정도 접어 무릎 위에 올려놓는다. 도중에 자리를 뜰 경우에는 의자 위에 올려두고 사용 후에는 정중히 냅킨은 접지 말고 테이블 위에 놓는다. 이는 맛있게 잘 먹었다는 표시이다.

나이프, 포크, 스푼의 취급 방법은 식사 중에는 八자형으로 놓고 나이프와 포크는 자루의 앞부분이 테이블클로스에 끼지 않도록 놓고 나이프의 칼날은 내측을 향하게 놓는다. 식사 후에는 나이프, 포크를 프랑스식 3시, 영국식 6시의 방향으로 놓는다.

음료는 우측에서, 요리는 좌측에서부터 서비스하는 경우가 많으나 상황에 따라 변하는 경우가 있다. 와인을 따라 줄 경우 글라스는 들지 않는다.

수프스푼을 세로로 하는 것은 프랑스식, 가로로 하는 것은 영국식이다. 수프는 스푼 가득 뜨지 않고 2/3 정도만 뜬다. 수프를 먹은 후 스푼의 위치는 받침이 있는 경우에는 받침 위에, 받침이 없는 경우에는 수프 접시에 프랑스식 3시, 영국식 6시 방향으로 놓는다.

빵은 특별히 정해져 있지는 않으나 수프를 내온 후에 제공되며 메인 요리를 맛있게 먹기 위해 빵을 빨리 먹지 않는다. 빵은 빵 접시 위에서 한입 크기만큼 손으로 찢은 다음 버터를 바른다. 빵 접시가 없는 경우에는 포크의 왼쪽 테이블클로스 위에 놓는다. 빵은 메인 요리가 끝날 때까지 먹는다.

생선 요리의 살은 뼈에서 떼어내며 뒤집지 않는다. 고기 요리의 고기는 왼쪽에서부터 자르고 같이 나온 채소와 교대로 먹는다. 치즈는 나이프로 잘라 빵 위에 놓고 먹는다. 디저트로 나온 조각 케이크와 아이스크림은 앞에서부

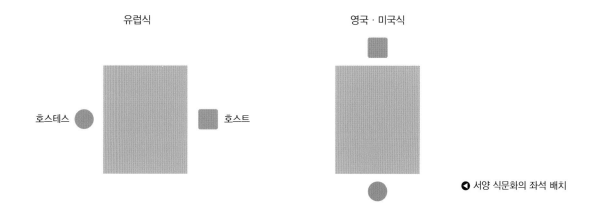

유럽식   영국·미국식

호스테스   호스트

◀ 서양 식문화의 좌석 배치

터 먹으며 스푼은 받침 접시에 놓는다. 핑거볼finger bowl에는 한 손씩 손가락 앞부분만 넣는다.

담배는 디저트가 서빙되기 전까지는 피지 않고 담배를 필 경우 반드시 주위 사람에게 양해를 구한다.

좌석 배치는 호스트, 호스티스를 중심으로 오른쪽에 메인 게스트, 왼쪽에는 2번째로 중요한 손님으로 남성과 여성이 교차해서 앉는다.

KOREAN FOOD STYLING

CHAPTER 04

현대
한식 상차림

현대 한식 상차림

1. 현대 한식 상차림의 분류

1) 탄생

아기의 출생 3~4개월 전 몸이 무거운 예비엄마를 위해 친척과 친구들이 탄생을 축하하는 파티를 열어준다. 서양에서는 이를 베이비 샤워baby shower라고 하고 한국에서도 시행하고 있다. 이때는 산모를 위해 간단한 티파티tea party 형식으로 장난감, 아기 옷, 신발 등 출산용품이나 육아용품을 미리 선물하는 경우가 많다. 출산에 관련된 경험과 정보를 들려주어 예비엄마가 심리적 안정과 기쁨을 느낄 수 있도록 배려하는 파티이다.

또한, 백일, 첫돌을 의미 있게 보내기 위한 백일 상차림, 첫돌 상차림은 여전히 중요하고 특별한 행사이다. 현대에도 아기의 건강과 장수, 행복을 기원하는 축복의 자리로 이어져 좋은 날, 귀한 날에 빠지지 않던 온갖 떡을 상차림에 꼭 올리고 답례품으로 주기도 하면서 한국 전통 식문화가 계승되고 있다.

⊙ 현대적인 돌상

2) 결혼

브라이달 샤워bridal shower는 결혼을 앞둔 예비 신부를 위한 축하 파티로 신부의 부모, 친척, 친구들이 결혼에 대한 초조함을 덜어주고 새로운 출발을 축하하고 격려하는 '예비신부파티'이다. 가볍게 즐길 수 있는 스낵을 준비하고 와인이나 런치 형태 등 형식이 정해져 있지 않아 축하하는 마음이 중요시되는 파티로 한국에서도 현재 많이 하고 있다. 재미있는 것은 브라이달 샤워라는 말이 '샤워 물처럼 쏟아지는 선물'이란 뜻을 가지고 있다는 점이다.

웨딩파티는 보통 수백 명의 사람들이 참석하므로 규모에 맞는 스타일링이

● 현대적인 결혼식 뷔페

필요하며 우리나라에서는 결혼을 주로 결혼식장, 호텔 또는 교회나 성당에서 진행한다.

3) 생일

전통적으로 생일에는 가정에서 가족끼리 먹는 세끼의 식사 중 가장 중요하게 여겼던 아침에 생일상을 차렸다. 사회와 시대가 변하면서 현대인은 아침에 과하게 먹는 것을 좋아하지 않고 하루 종일 일과에 쫓기느라 바쁘기 때문에 생일상을 가정에서 저녁에 차리거나 많은 경우에는 가족, 친구, 동료들이

🌣 현대적인 생일상 전체

⬥ 현대적인 생일상 세부

외식업체에서 모여서 생일파티를 여는 경우가 많아지고 있다. 다만 생일날 아침식사에는 생일상의 전통적이고 상징적인 음식인 '미역국'을 각 집마다 꼭 차려서 먹는다.

4) 다과상

현대적인 다과상은 홍차, 녹차, 커피 등의 기호음료를 주류로 한다. 이 중 홍차는 영국의 역사적 배경을 바탕으로 한 차문화에서 원류를 찾을 수 있다. 이 중 홍차 다과상에 관한 상차림을 제시해 본다. 세계화에 따라 우리나라에서도 홍차문화가 인기를 끌고 있다. 영국인은 하루를 홍차와 함께 시작하며, 아침 침대 위에서 마시는 차에서부터 취침 전까지 8번에 걸쳐 홍차를 마신다.

5) 주안상

현대적인 주안상에는 다양한 주류의 종류에 따라 여러 가지 다른 메뉴 구성을 통해 상차림을 할 수 있다. 그중 최근에는 와인문화의 대중화에 의해 가까운 친구, 동료들과 함께 와인파티를 열고 있다. 현대의 주안상은 격식을

● 현대적인 다과상

갖춘 상차림도 될 수 있고, 편안하고 캐주얼한 분위기의 가벼운 술상차림도 좋다. 곁들여지는 메뉴는 가벼운 핑거푸드, 샐러드류, 과일류, 치즈류 등으로 구성할 수 있다.

현대적인 주안상 세부 ▶

2. 현대 한식 상차림의 이해를 위한 식문화 콘텐츠

1) 차茶

'茶'는 '차' 또는 '다'라고 하며 일반적으로 기호음료이다. 차의 원 개념은 차나무의 어린순잎을 채취해서 만든 마실거리의 재료이고 마실거리의 재료가 물과 어우러져 만들어진 물을 차茶라고 한다. 대용차는 차나무의 잎이 아닌 다른 재료를 사용하여 만든 음료로서 넓은 의미에서 차라고 할 수 있다. 대용차로는 커피, 모과차, 생강차, 유자차, 둥글레차, 인삼차 등이 있다. 차茶를 이러한 대용차와 구별하여 작설차雀舌茶, 차싹이 참새의 혀를 닮았다고 붙은 이름, 다茶라고 한다.

(1) 차의 역사와 분류

차의 기원을 살펴보면 중국의 〈신농본초경神農本草經〉에는 신농이 백가지 초목을 맛보다가 하루는 72가지의 독을 먹었는데 다茶를 얻어 해독하였다는 기록이 있다. 이처럼 차는 처음에는 의약으로 이용되었지만 시간이 흐르면서 기호음료로 바뀌었다.

발효에 따른 분류 차의 생잎에는 잎을 발효시키는 효소가 들어있는데 이 효소를 활용하여 찻잎에 들어 있는 타닌을 어느 정도 발효시키는지에 따라 차의 종류가 결정된다.

발효차는 찻잎의 타닌을 100% 산화시킨 것으로 홍차류다르질링, 우바, 얼그레이 등가 여기에 속한다. 반발효차는 반 정도만 발효시킨 차로 우롱차가 여기에 속한다. 불발효차는 발효를 전혀 시키지 않은 차로 녹차가 여기에 속한다.

제조방법에 따른 분류 가미차는 차에 원예작물 및 약용작물의 뿌리, 줄기, 잎, 꽃과 과일 등을 첨가하여 다양한 맛을 내는 것이다. 주로 민트, 국화, 장미, 레몬, 인삼, 생강, 계피, 감초 등이 첨가되고 있다.

가향차는 차에 향을 부여한 것으로 넓은 의미에서는 꽃차도 포함된다. 과일향으로는 사과, 망고, 바나나, 살구 등이 있으며 스파이스향으로는 계피, 민트, 바닐라 등이 이용된다.

꽃차는 찻잎에 신선한 꽃향기가 흡착되도록 만든 차이다. 대표적인 차로 자스민차가 있으며 장미차나 국화차 등이 있다.

모양에 따른 분류 가루차는 탁한 다유茶乳로 마시는 차를 말하고 혼합차는 꽃차자스민차, 현미차이며, 싸락차는 잘게 잘린 차로 홍차를 일컫는다. 낱잎차는 잎이 말리고 꼬부라진 차나 잎이 눌리어 납작한 차를 말한다. 덩이차團茶는 보이차나 벽돌차이다.

(2) 차의 성분과 효능

차의 맛 성분 차가 기호음료가 된 이유는 그 맛과 향기가 사람들의 기호에 맞기 때문이며 차의 성분이 건강을 증진시킨다는 것이 과학적으로 입증되었기 때문이다.

ᵒ녹차의 맛 성분 녹차는 단맛, 떫은맛, 감칠맛, 쓴맛 등이 어우러진 독특한 맛을 내는데, 떫은맛과 쓴맛은 찻잎에 들어 있는 성분 중 가중 중요한 카테킨 성분 때문이며 단맛과 감칠맛은 주로 아미노산 성분 때문이다.

ᵒ홍차의 맛 성분 산화에 의해 카테킨이 양이 감소되므로 홍차의 맛은 카테킨류의 산화에 의해 형성된다. 홍찻잎은 강한 쓴맛을 가지고 있지만 카테킨류가 산화되면서 쓴맛을 감소하고 약간 상쾌한 떫은맛이 나온다. 여기에 카페인이 부가되면 홍차 고유의 맛이 된다.

ᵒ우롱차의 맛 성분 우롱차는 녹차에 비해 쓴맛과 떫은맛이 덜하고 뒷맛이 달고 중후한데, 이는 발효에 의해 카테킨이 감소하고 카테킨류로부터 생성된 카테킨 관련 화합물이 있기 때문이다.

차의 효능 당나라의 시인 노동盧同은 차에 관한 이런 말을 남겼다. "차를 항상 마시면 심신을 이롭게 한다. 어찌 위나라 황제의 환약에 비하리요. 차라리 노동의 7잔 차를 마시자. 첫째 잔은 향기를 내고, 둘째 잔은 세상 시름을 잊게 하고, 셋째 잔은 갈증을 해소해주고, 넷째 잔은 땀을 내게 하여 불쾌스러운 모든 일을 잊게 해주고, 다섯째 잔은 피부를 깨끗하게 해주고, 여섯째 잔은 정신을 맑게 해주며, 일곱째 잔은 날개를 달고 날아가게 해주는 것 같다."고 하였다. 또 다른 글에는 "아침에 마시는 차는 뇌를 맑게 하고 정신을 새롭게 하며, 오후에 마시는 차는 기분을 온화하게 하고 정신을 바르게 하며, 한밤에 마시는 차는 기운을 쉬게 하고 정신을 편안하게 한다."고 하였다.

이러한 차의 놀라운 효능을 살펴보자. 항종양, 발암 억제 작용, 항산화 작용, 혈중 콜레스테롤의 저하 효과, 고혈압과 혈당강하 작용, 항균 작용과 장내 세균개선 작용 및 해독 작용, 치석 합성효소의 저해 작용, 항알레르기 및 면역계 활성화 작용, 알츠하이머 치매의 억제 효과, 입냄새 및 악취 제거, 신장질환의 진행 억제 효과가 있다.

대용차의 종류별 효능

⚬유자차 비타민 C 함량이 높은 유자는 주로 향료나 감기, 신경통 등의 한방 민간요법의 약재로 사용되었으나 최근에는 유자청, 유자차, 유자주 등을 만드는 데 애용되고 있다.

⚬오미자차 달고, 쓰고, 맵고, 짜고, 새콤한 오미를 가진 오미자차는 여름철에는 차갑게, 겨울철에는 뜨겁게 마시면 좋다. 한방 재료로도 많이 이용되고 있는 오미자는 심장을 튼튼히 하고 호흡 작용을 도우며 혈압을 조정하는 데 좋다.

⚬칡차 칡뿌리는 위장을 보호해주고 숙취를 없애주는 능력이 뛰어나다. 칡뿌리의 즙을 짜서 마시는 것이 칡차이다. 칡을 쪄서 그늘에서 말려 곱게 빻아 분말로 만들어 먹기도 한다.

⚬구기자차 구기자는 콜레스테롤의 흡수를 억제하고 근골을 튼튼하게 하므로 강장, 보양의 효능이 뛰어나며 간에 좋기 때문에 차로 만들어 마신다.

⚬국화차 국화꽃잎을 말려서 만든 대용차로 가을 야생국화는 몸을 덥혀주는 효능이 있어 차로 마시면 월경불순, 냉증을 다스리는 데 좋다. 특히 황국은 해열, 진정, 해독의 작용이 뛰어나 감기 기운이 있을 때나 폐렴, 기관지염에 좋다.

•모과차 모과 열매를 얇게 썰어 꿀에 담가 삭힌 것을 모과차라고 하는데 추운 날씨에 목이 잠기거나 몸살 기운이 있을 때 뜨거운 물에 풀어 마시면 좋다.

•인삼차 수삼을 대추와 생강을 함께 넣어 은근한 불에 오래 달여 만든 대용차이다. 기력을 보강해주고 속이 늘 더부룩한 만성 체증에 효능이 있다.

•생강차 잘 씻은 생강을 은근한 불에 오랜 시간 끓여 만든 대용차이다. 감기에 특히 좋다.

•결명자차 성숙한 결명자를 볶아서 보리차처럼 끓여 마시는 대용차이다. 숭늉처럼 구수하고 보리차보다 독특한 향기를 지니고 있으며 오랜 시간 복용하면 눈을 밝게 해주는 효능이 있다.

(3) 차 보관법

차 보관할 때의 최대의 적은 습기이다. 장마철에 차맛이 변하는 이유는 습기 때문이다. 따라서 차는 건조한 상태에서 보관해야 하며 햇볕이 들지 않고 통풍이 잘되는 곳에서 잘 밀봉하여 보관해야 한다.

차는 저온에서 보관해야 하는 데 가장 적정한 온도는 5℃로 냉장고에 밀봉하여 보관하면 된다. 이때 주의할 점은 녹차는 냄새를 빨아들이는 흡착성이 매우 강해서 다른 냄새, 맛, 수분 등 공기 중에 기체화된 모든 것을 빨아들이기 때문에 냉장고에 차와 다른 음식을 한꺼번에 보관하면 차의 흡착성으로 즉시 오염되어 본래의 향을 잃게 되고 맛이 손상된다. 따라서 차전용 보관 냉장고를 사용하면 매우 좋다.

차는 차통에 보관하는 것이 가장 좋다. 차를 보관하는 차통으로는 도기, 자기, 금속, 유리, 종이 등 다양한데 자기가 가장 무난하고 금속 중에는 주석이 성질이 냉해서 차의 향과 맛을 보존해 주는 데 좋다. 차통에는 1가지 차만 지속적으로 보관해야 한다. 차는 그때그때 필요한 분량만큼 나눠서 넣어두는 것이 좋다.

(4) 찻상을 위한 테이블웨어

찻잔 찻잔의 모양은 입구가 바닥보다 약간 넓은 것
이 마시기에 편하다. 색은 차의 아름다운 색깔을 잘
표현할 수 있는 흰색이면 더 좋다.

❍ 찻잔

다관 다관은 차를 우려내는 데 쓰이는 것으로 찻주전자
모양의 다양한 형태가 있다. 다관은 형태에 따라 이름이 다른 데 손잡이
가 옆으로 꼭지와 직각을 이룬 상태의 것을 다병이라고 하고 손잡이를 꼭지
의 뒤쪽 반대 방향 위아래로 접착시킨 것을 다호, 손잡이를 대나무 뿌리 등
을 사용하여 따로 연결해서 부착시킨 것을 다관이라고 한다.

물 버리는 사발 찻잔과 다관을 따뜻하게 데워준 물을 버리기 위해 사용하는
그릇이다.

숙우귓대사발 끓는 물을 한 김 정도 나가게 해서 식히기 위해 사용하는 그릇이다.

❍ 다병   ❍ 다호   ❍ 다관

❍ 물 버리는 사발   ❍ 숙우

▲ 차 거름망과 찻잔

▲ 찻숟가락   ▲ 다과 접시

차 거름망   찻잎이 빠져나오지 않도록 걸러주는 망이다. 촘촘할수록 차액이 깨끗하게 나온다.

찻숟가락   어린잎을 그대로 만든 차를 다관에 넣을 때 부서지지 않도록 조심스럽게 떠서 담는 데 사용된다.

다과 접시   다과를 돋보이게 만들어주는 작은 접시이다.

(5) 홍차의 종류와 특성

시간에 따른 홍차의 종류

°얼리 모닝티early morning tea   아침에 일어나자마자 침대에서 마시는 차를 말하며, 파

자마 차림으로 침대 끝이나 침대에서 신문을 읽거나 음악을 들으면서 자기만의 시간을 보내면서 안정을 취하고 마시는 차이다. 현대의 일반 가정에서는 좀처럼 볼 수 없는 티타임tea time이나 호텔 등에서는 잠자리에 들기 전에 룸서비스에 부탁하면 다음날 아침에 모닝콜과 함께 홍차가 자신의 방까지 배달된다.

○블랙퍼스트 티breakfast tea 아침식사와 함께 마시는 차를 말하며 영국에서는 가족 간의 단란함을 중요하게 여기므로 아침에는 온 가족이 식탁에 둘러앉아 식사를 한다. 아침식사는 하룻밤 동안의 단식을 깬다는 의미이기 때문에 영국의 아침식사는 풍성하다.

○일레븐시즈elevenses 11시경 휴식을 취하면서 마시는 차를 말하며 아침에 할 일을

◀ 현대 다과상의 예시

마치고 잠깐 휴식을 취하면서 마시는 차이므로 짧은 시간에 간단하게 마시는 티타임이다.

○ 런치lunch 점심식사와 함께 마시는 차를 말한다.

○ 애프터눈 티afternoon tea 영국인들이 하루에 가지는 많은 티타임 중에서 가장 영국적이고 우아한 티타임을 말한다.

○ 하이 티high tea 오후 6시경 남성들이 직장에서 퇴근한 후 가족과 함께 마시는 저녁의 티타임이다.

○ 애프터 디너 티after dinner tea 저녁식사 후 한가롭게 마시는 차이다. 하루를 끝마치고 가지는 티타임이기 때문에 차와 함께 술을 마시며 단맛이 강한 과자나 초콜릿이 첨가된다. 애프터 디너 티는 분위기를 중시하며 어른스러운 스타일로 남성적인 느낌이다.

○ 취침 전 티타임 잠자리에 들기 전에 가지는 티타임이다.

홍차가 몸에 미치는 영향 홍차를 마시면 혈중 콜레스테롤을 감소시키는 효과가 있으며 홍차에는 비타민 E보다 20배나 많은 노화 방지 효과가 있고 암세포의 증식을 억제하는 효과가 있다. 또 충치 예방 효과가 있다.

홍차의 세계 3대 명차 다르질링Darjeeling은 북인도의 다르질링 지방에서 산출되고 있다. 차의 색은 엷은 오렌지색이고 산뜻한 떫은맛이 특징이다.

우바Uva는 스리랑카의 남동부 산지에서 생산되며, 강한 향과 차의 아름다운 색이 특징이다. 밀크티를 만들기에 적합하다.

기문Keemun은 중국의 안후이성 서남부에 위치한 세계 최고의 홍차 산지이자 세계 3대 명차의 하나로서 영국인들이 매우 선호하고 있다.

홍차 제조 도구를 위한 테이블 웨어 티포트tea pot는 도자기, 은제품, 유리제품을 사용하여야 한다. 철분 성분이 있는 제품을 사용하면 홍차의 타닌이 철분과 화합하여 향미를 감소시키고 홍차의 색을 검게 만들기 때문이다.

티 스트레이너tea strainer는 찻잎이 들어가지 않도록 망이 촘촘한 것을 선택한다. 티컵tea cup은 홍차의 생명은 색과 향이기 때문에 색을 볼 수 있도록 안쪽은 하얀 것을, 향이 퍼지기 쉽도록 얇은 잔을 선택한다.

2) 와인

포도가 와인이 되는 동안 일어나는 화학과정은 포도의 당분과당, 포도당이 효모에 의해 분해되어 알코올alcohol과 탄산가스CO_2를 내면서 일어난다. 이때 효모yeast는 와인의 생산 지역과 종류에 따라 자연효모와 배양효모를 쓰는 경우로 나눌 수 있다. 보통 와인 한 병750ml을 만드는 데 필요한 포도의 양은 1000～1200g 정도이고 와인의 구성성분은 수분 약 85%, 알코올 약 12%, 기타 당분3% 전후, 유기산, 타닌, 안토시아닌색소, 비타민, 아미노산, 무기질나트륨, 칼륨, 칼슘, 마그네슘, 인 등이다.

와인이 산성인데도 알칼리성 식품으로 분류하는 이유는 와인 속의 칼륨이 유기산과 결합 형태로 존재하다가 체내로 흡수되어 체액을 알칼리성으로 만들기 때문이다.

와인은 체내에서 여러 가지 좋은 영향을 준다. 혈관확장제의 역할을 하여 심장질환의 발생 가능성을 줄이고, 복합 항균 물질인 레스베라트롤resveratrol이 있어 동맥 속 나쁜 콜레스테롤의 양을 낮춘다. 또한 와인의 타닌 성분은 살균 및 위장액의 분비를 촉진시켜 소화를 돕고, 폴리페놀은 감기 바이러스에 효과적이다. 적당량의 와인을 꾸준히 마시는 것은 정신질환 및 알츠하이머 치매에 대한 항체반응을 돕는 효과가 있다고 최근 보도가 되기도 하였다. 이밖에 항암효과가 있는 레드와인의 케르세틴 성분, 갈산성분도 있다. 레드와인의 PST-P효소는 장내 박테리아를 제거하고 편두통을 예방하며 콜레라, 장티푸스균을 잡는 역할도 한다.

와인의 라벨에는 각 와인에 대한 중요한 정보가 기재되어 있어 구매 시의 선택 기준이 되는 자료를 제공할 수 있다. 라벨에는 품질등급, 원산지, 알코올 함유율, 빈티지 연도, 생산자 이름과 주소, 병의 크기용량가 기록되어 있다.

(1) 와인의 분류

색에 따른 분류 와인은 색에 따라 레드와인, 화이트와인, 로제와인으로 나눈다.

° 레드와인 알코올도수가 12~14%로 적갈색, 자주색, 루비색, 붉은 벽돌색을 띠는 것이 레드와인red wine이다. 적포도를 사용하면 레드와인이 되고, 청포도를 사용하면 화이트와인이 된다. 레드와인은 제조과정에서 포도는 껍질째 발효되므로 껍질 속에 있는 타닌성분과 색소로 인해 독특한 색과 떫은맛을 낸다.

° 화이트와인 알코올도수가 10~13%로 엷은 노란색, 연초록색, 볏짚 같은 색, 황금색, 호박색을 띠는 것이 화이트와인white wine이다. 주로 청포도로 생산하며 간혹 적포도를 이용하여 화이트와인을 만들기도 하지만, 화이트와인은 타닌성분이 없어 맛이 부드럽고 과일향이 풍부하며 상쾌하다.

° 로제와인 레드와인과 같이 적포도를 원료로 하지만 적포도와 청포도즙을 혼합하기도 한다. 로제와인rose wine은 발효 초기나 중간에 껍질을 제거하여 레드와인과 화이트와인의 중간색인 핑크색을 띠고, 맛은 화이트와인과 비슷하다.

단맛의 유무에 따른 분류 단맛sweetness은 포도즙 내에서 완전히 발효되지 않고 남아 있는 잔여 당에 의해 느낄 수 있다. 단맛이 없는 것을 드라이와인이라고 한다. 레드와인은 단맛이 거의 남지 않은 드라이와인이 많고 색이 짙을수록 달지 않으나, 화이트와인은 색깔이 엷을수록 단맛이 난다. 단맛의 유무에 따라 드라이와인dry wine, 미디엄드라이와인medium dry wine, 스위트와인sweet wine으로 구분한다.

보디에 따른 분류　보디body는 입안에서 감지되는 와인의 무게감을 뜻하며 음식에 맞는 와인을 선택하는 기준이 되기도 한다. 가볍고 경쾌한 맛을 내는 라이트보디와인light-bodied wine, 중간 맛을 내는 미디엄보디와인medium-bodied wine, 진한 맛을 내는 풀보디와인full-bodied wine으로 구분되는데, 풀보디와인은 입안을 무겁게 채워주는 듯한 느낌이 있다. 수분을 제외한 와인의 나머지 성분들이 무게에 영향을 주는데, 일반적으로 알코올도수가 높을수록, 향과 맛이 복합적일 수록 진한 풀보디와인이다.

제조방법에 따른 분류　와인은 제조방법에 따라 주정강화와인, 가향와인, 스파클링와인으로 나눈다.

°주정강화와인 발효 중이나 발효가 끝난 후 증류주인 브랜디를 첨가하여 알코올도수를 16~20%로 높인 것을 주정강화와인fortified wine이라고 한다. 포트와인Port wine, 셰리와인Sherry wine이 그 예이다.

°가향와인 발효 전후에 천연향을 첨가하여 향을 좋게 한 와인을 가향와인flavored wine이라고 한다. 상그리아sangria와 베르무트vermouth가 그 예이다.

°스파클링와인 발효가 끝나 탄산가스가 없는 일반 와인still wine에 효모와 당을 첨가하여 병 속에서 2차 발효를 거쳐 생기는 거품을 와인 속에 넣은 발포성 와인을 스파클링와인sparkling wine이라고 한다. 샴페인champagne, 스푸만테spumante, 섹트sekt, 까바cava가 그 예이다.

(2) 프랑스의 와인 품질관리 규정

대부분의 유럽 국가들은 1930년대에 제정된 프랑스의 AOCAppellation d'Origine Controlee를 모방한 4단계 체계를 사용한다. 이 체계의 기준은 각 포도원의 성격과 포도 품종이 와인의 맛을 결정한다는 점에 입각했으며 4백 여 종이 넘는 와인을 분류했다.

표 1 프랑스의 와인 품질관리 규정

구분	생산량	특징
AOC급 와인 (Appellation d'Origine Controlee)	35%	최고 등급은 통제원산지에서 생산된다. 통제원산지 명칭의 사용은 법적으로 규제되고 재배되는 포도의 품종. 수확량. 와인 양조 및 숙성방법이 정해져 있다.
VDQS급 와인 (Vin Delimite de Qualite Superieur)	2%	둘째 등급은 VDQS(Vin Delimite de Qualite Superieure) 이다. 포도의 품종. 수확량. 생산방법에 대한 규제가 1등 급보다 덜 까다롭다. 이러한 지역은 언젠가 AOC등급을 받게 될 수도 있다.
뱅 드 페이 와인 (Vin de Pays)	15%	컨트리 와인이자 3등급인 뱅 드 페이(Vins de Pays)는 1~2등급보다 규제가 더욱 유연하다.
뱅 드 타블르 와인 (Vin de Table)	38%	가장 기본적인 와인 등급은 '테이블 와인'이다. 뱅 드 타블르(Vin de table)는 유럽에서 포도 품종. 특정 지 역의 명칭을 가질 수 없으며, 단지 기본적인 건강지침 을 따른다. 산지의 레스토랑과 슈퍼마켓에서 볼 수 있 으며 수출은 거의 하지 않는다.
기타 포도로 제조하는 술	10%	코냑 등을 제조한다.

프랑스의 보르도 지역에서는 매우 다양한 와인을 생산하기 때문에 세부적인 등급 체계가 있다. 보르도의 메독 지구는 자신들의 와인이 AOC급 와인체계보다 특별하고 높은 등급을 갖는 고급 와인이라고 자부하여 자신만의 등급체계가 있으며 보르도 내 여러 지역은 서로 다른 체계를 갖는다. 보르도 지역의 와인은 샤토 라벨로 세계 최고 수준의 와인을 여러 종류로 생산한다.

이렇게 많은 포도주를 생산하는 프랑스에서는 흥미롭게도 경쟁소비자문제부정방지총국DGCCRF 내에 와인경찰이 있다.

(3) 와인 테이스팅

와인은 500여 가지의 향이 있다. 이러한 향을 생각하면서 와인을 입 속에 한 모금을 머금어 본다. 그리고 10~15초 정도 입속에 머물도록 하는 것이 좋다. 입안 전체를 적셔서 와인의 맛을 음미하고 목과 코를 이용하여 아로마를 느낀다.

와인 맛을 느끼는 순서는 먼저 시각으로 색을 보고 후각으로 아로마를 느끼며 혀를 통해 맛을 보는 것이다.

시각으로 보는 색　글라스 뒤에 하얀 종이나 천을 배경으로 놓고 와인글라스의 중심부터 가장자리까지의 색의 변화를 살펴본다. 글라스의 1/3 이하나 글라스보디에 가장 볼록한 부분의 아랫부분이 찰 정도로 따른다. 와인을 더 따르게 되면 잔을 돌릴 때 와인이 넘칠 수 있다.

후각으로 느끼는 아로마　와인에서 아로마가 나올 수 있도록 흔들어 냄새를 맡는다. 향에는 포도가 가지고 있는 아로마와 숙성하면서 만들어진 부케가 있다. 잔의 다리stem나 베이스base를 쥐고 잔을 부드럽게 돌린다. 잔을 기울여서 코를 잔 안에 넣고 깊게 한번 들이쉬면서 느낀다. 잔에 코를 붙였다가 떼기를 반복하며 향을 3~4회 정도 맡는다.

혀를 통해 느끼는 맛　입 안이 꽉 차지 않을 정도의 와인을 한 모금 정도 마셔 입 속에서 돌린다. 삼키지 말고 머금은 상태에서 입술을 오므리고 혀 위로 숨을 들이쉬어 와인을 굴리며 공기를 접하게 한다. 와인의 맛과 감촉, 그리고 입 안에서의 느낌을 감지한다. 와인의 구성분, 즉 라운드round, 부드러움

표 2 음식에 따라 어울리는 와인

구분	어울리는 와인 종류
흰살 생선 요리	피노누아, 샤르도네, 리슬링, 로제, 스파클링와인
해물 요리	샤르도네, 로제, 메를로, 소비뇽 블랑, 리슬링 등
쇠고기 요리	카베르네 소비뇽, 메를로, 시라 등 레드와인
닭고기 요리	시라, 메를로, 카베르네 소비뇽, 피노누아, 샤르도네, 스파클링 와인 등
돼지고기 요리	시라, 메를로, 피노누아, 리슬링 등 레드와인
간장소스로 만든 요리	피노누아, 로제, 샤르도네
고춧가루가 들어간 요리	샤르도네, 소비뇽 블랑

* 가장 중요한 선택기준은 개인의 취향임

smooth 등의 질감texture, 풀full, 라이트light 등의 보디body, 당분, 산도, 알코올이 균형을 이루고 있는지를 보여주는 밸런스balance를 알아낼 수 있다. 좋은 와인일수록 농후하고 많은 향을 가지고 있으며 입안에서 향이 오랫동안 남는다.

(4) 음식에 어울리는 와인의 선택

생선 요리는 화이트와인, 육류 요리는 레드와인을 추천하는 것이 기본적이고 공식적인 조합이라고 생각하지만 가장 중요한 선택 기준은 개인의 취향이라는 것을 잊지 말아야 한다. 그러나 보통은 레드와인에 들어 있는 타닌 성분이 고기의 단백질과 잘 어울리며 소화를 돕기 때문에 레드와인은 쇠고기, 양고기, 돼지고기 같은 육류 또는 맛이 강한 음식과 잘 어울린다. 또한 이러한 육류들은 맛이 비교적 강해서 화이트와인의 아로마와 맛을 느끼지 못하게 만들 수 있기 때문에 와인 전문가들은 보편적으로 음식과 어울리는 와인을 선택 시에 대한 표 2와 같은 가이드를 만들게 되었다.

REFERENCE

참고문헌

강인희(1990). 한국식생활사. 제2판. 삼영사.

강인희(1998). 한국의 맛. 대한교과서.

강인희, 이경복(1984). 한국식생활풍속. 삼영사.

강인희, 이춘자 외(1999). 한국의 상차림. 효일문화사.

강진형(2001). 아름다운 우리 식기. 교문사.

김경애 외(2007). 플라워 & 테이블 디자인. 교문사.

김득중 외(1991). 우리의 전통예절. 한국문화재보호협회.

김매순, 문혜영, 이춘자, 홍순조(2008). 혼례음식. 대원사

김영애(2006). 김영애의 특별한 파티테이블. 웅진씽크빅.

김지희 외(1992). 날염 디자인. 조형사.

나선화(2005). 한국 도자기의 흐름. 세계도자기엑스포.

르 꼬르동 블루 도쿄학교 저, 서한정 역(2004). 와인에센셜. 아카데미북.

마루야마 요코(2000). 테이블 코디네이트. 아름다운 식탁 출판부.

명원문화재단(1999). 茶, 알고 마시면 맛과 향이 더욱 깊어집니다. 명원문화재단.

문혜영(2004). 레스토랑의 푸드코디네이터 역할 중요도에 관한 연구. 경기대
    학교 석사학위논문.

문화콘텐츠닷컴(2003). 문화원형백과 조선시대 식문화. 한국콘텐츠진흥원.

미스기 다카토시 저, 김인규 역(2001). 동서도자교류사. 눌와.

배영동(1996). 한국 수저의 음식문화적 특성과 의의. 문화재청.

세계도자기엑스포조직위원회(2001). 세계 원주민 토기전. 세계도자기엑스포조
    직위원회.

세계도자기엑스포조직위원회(2001). 세계도자문명전. 세계도자기엑스포조직
    위원회.

안동장씨 저(1670), 황혜성 역(1980). 규곤시의방(음식디미방). 궁중음식연구원.

여연(2006). 우리가 정말 알아야 할 우리차. 현암사.

오경화 외(2005). 테이블 코디네이트. 교문사.

왕경희(2001). 웨스턴 플로랄 디자인 이론과 실제. 나명들명.

윤복자(1996). 테이블세팅 디자인. 다섯수레.

윤서석(1985). 증보 한국식품사연구. 신광출판.

윤서석(1988). 한국음식-역사와 조리. 수학사.

이성우(1988). 한국식품문화사. 교문사.

이영훈, 신광섭(2005). 한국 미의 재발견-고분미술 1. 솔출판사.

이용기(1943). 조선무쌍신식요리제법. 영창서관.

이춘자, 김귀영, 박혜원(1997). 통과의례음식. 대원사.

일본푸드코디네이터협회(1999). 푸드코디네이터 교본.

전정원, 이춘자 외(2008). 우리 음식의 맛. 교문사.

전정원, 이춘자 외(2010). 전통향토음식. 교문사.

정영선(2002). 한국 차문화. 너럭바위.

조은정(2005). 테이블 코디네이션. 도서출판 국제.

조후종(2001). 조후종의 우리 음식이야기. 한림출판사.

조후종(2002). 세시풍속과 우리 음식. 한림출판사.

최성희(2002). 우리 차 세계의 차 바로 알고 마시기. 중앙생활사.

최혜림(2009). 테이블세팅 개론. 청강문화산업대학교.

최혜림(2013). 플레이트 디자인. 청강문화산업대학교.

한국의 맛 연구회(1996). 전통건강음료. 대원사.

한복려 외(2002). 한국음식대관. 제5권. 한림출판사.

한복려, 한복진, 황혜성(1991). 한국의 전통음식. 교문사.

한스 페터 폰 페슈케, 베르너 펠트만 저, 이기숙 역(2005). 식도락여행. 이마고.

홍진숙 외(2007). 기초한국음식. 교문사.

황규선(2008). 테이블 디자인. 교문사.

황지희 외(2009). 커피 & 티. 파워북.

황혜성(1976). 한국요리백과사전. 삼중당.

http://blog.daum.net/jidam55/14237873

http://www.cmog.org

그림출처

90쪽 토기   ⓒ 위키피디아

91쪽 석기   ⓒ PericlesofAthens (위키피디아 ⓒⓕⓞ)

92쪽 마졸리카 ⓒ 23 dingen voor musea (위키피디아 ⓒⓕⓞ)

92쪽 파이앙스 ⓒ 위키피디아

INDEX
찾아보기

저자소개

전정원

경기대학교 관광학 박사
한국조리 기능장, 한국의 맛 연구회 회장
김영애 식공간 아트(기본과, 디자인과, 연구과) 수료
2004~2005년 도쿄돔(Tokyo Dome) 입선
현재 혜전대학교 호텔조리외식계열 한식전공 교수

이춘자

성신여자대학교 식품영양학 이학박사
한국의 맛 연구회 고문
현재 경희대학교 일반대학원 조리외식경영학과 강사

문혜영

경기대학교 관광학 박사, 한국의 맛 연구회 이사
일본 국제푸드제과전문학교(國際 Food 製菓專門學校) 졸업
SBS '결정 맛대맛' 외 다수의 방송활동
인천 '음식문화축제궁중음식전시회' 외 다수의 전시 공간 연출
현재 혜천대학교 식품조리계열 푸드스타일링전공 교수

이진하

경기대학교 식공간연출전공 관광학 박사
C.F.C.I. 푸드스타일링 과정 수료, 테이블 스타일링 과정 수료
France La Cuisine de Marie-Blanche, Table Art/Flower Design Course
Musée du Vin, 「Connaître le Vin」 Course
현재 백석문화대학교 외식산업학부 푸드코디네이션전공 교수

한 푸드스타일링

2014년 2월 21일 초판 인쇄 | 2014년 2월 28일 초판 발행

지은이 전정원, 이춘자, 문혜영, 이진하 | **펴낸이** 류제동 | **펴낸곳** (주)교문사

전무이사 양계성 | **편집부장** 모은영 | **책임진행** 손선일 | **디자인** 신나리 | **본문편집** 우은영
제작 김선형 | **홍보** 김미선 | **영업** 이진석·정용섭·송기윤
출력 삼신출력 | **인쇄** 삼신인쇄 | **제본** 한진제본

주소 413-756 경기도 파주시 교하읍 문발리 출판문화정보산업단지 536-2 | **전화** 031-955-6111(代) | **팩스** 031-955-0955
등록 1960. 10. 28. 제406-2006-000035호 | **홈페이지** www.kyomunsa.co.kr | **E-mail** webmaster@kyomunsa.co.kr

ISBN 978-89-363-1396-8(93590) | **값** 22,000원